KB000705

아프리카 아프리카

에티오피아에서 마다가스카르까지

아프리카의 끝없는 초원을 바라보면서
그리움의 정체를 끝내 알 수 없으리라는
생각이 들었다.

139

1609

여행 · 하나 ·

사자의 꿈속에 들어가

아프리카를 여행하고 돌아와서 한동안 사바나의 초원을 달리는 꿈을 꾸게 되었다. 푸른 초원을 한없이 달려가는 꿈. 사자의 꿈속에 들어가 같이 풀숲을 뒹굴다가 초원을 달려간다. 머리카락을 흩날리며 파란 하늘 아래 아무것도 거칠 것이 없는 초원을 시원하게 달려가는 꿈. 푸른 들판을 한없이 달려가는 무한한 자유.

사자는 무슨 생각을 하고 있는 걸까, 무슨 꿈을 꿀까, 게으른 사자의 꿈일까, 어디로 달려갈까, 늘 초원을 달리고 있을까.

말 그대로 무한히 펼쳐진 공간에 뚝 떨어져 가슴 가득 시원한 공기를 들이마시고 파란 하늘을 날기도 하고, 초원을 달리기도 하고. 오래전부터 꿈꾸던 것이 바로 이것이었을까?

사실 아프리카는 지금도 질병과 기근, 가난과 전쟁 때문에 엄청난 고통과 슬픔을 겪고 있는 땅이다. 동남아프리카만 그래도 조금 안전하게 여행이 가능한 지역이고, 서아프리카는 내전 때문에 상당히 위험한, 여행 불가지역이다.

그럼에도 이 땅에서 지레 희망을 포기하기엔 너무 이르다.

케냐의 마사이마라 국립공원 사파리 게임드라이브에서 내내 느꼈던 것은 신의 분명한 축복이었다. 신이 특별히 사랑하고 계신 땅, 자연이었다. 신이 꿈꾸는 땅의 모습이 바로 이런 것일까.

첫발을 내딛은 케냐의 나이로비 첫인상은 썩 좋지는 않았다. 치안 상태가 불안하다고 정보검색을 하면 꼭 나온다. 소매치기, 강도 조심, 밤에는 절대로 다니면 안 된다 등등.

시내는 현대적인 고층 건물로 이루어져 있어 겉으로 보기에는 다른 선진국의 대도시와 다를 바 없다. 시내를 활보하는 세련된 멋쟁이도 많다. 그러나 도시는 혼잡하고 이방인을 쏘아보는 검은 얼굴들에 적응하기에는 많은 시간이 필요했다.

도심에 몇 군데 담배를 피우는 장소를 마련해 놓은 것이 눈에 띄었다. 아무데서나 담배를 피우면 벌금을 무는 모양이다. 정해 놓은 장소에서만 담배를 피우는 것이 허락되었다.

내가 묵은 숙소는 좀 지저분한 시장통에 있었다. 좁은 거리는 복잡하기만 하다. 구멍가게에서 물 한 병을 사려고 했더니 쇠창살 너머로 주인이 물건을 팔고 있었다. 이렇게까지 위험한 지역인가 의구심이 일었다.

날은 저물어 멀리 가지도 못하고 가까이에 있는 조그만 식당에 들어갔다. 이상하게 여자는 거의 보이지 않는다. 나이로비의 서민 음식인 우갈리(옥수수 가루를 끓는 물에 넣어 반죽한 우리의 떡과 비슷함)와 야채 스튜를 시켜 먹었다. 어쨌든 여행의 워밍업을 제대로 하고 있는 셈이었다.

NO CASH !
ONLY !
Coca-Cola

호텔에 돌아와 길 건너편을 바라보니 클럽 바봉이 보였다. 클럽! 머릿속에 당장 홍대 앞의 클럽이 떠올랐다. 나이로비의 밤문화를 모르고 지나갈 수가 있나, 안 되지.

호텔 종업원에게 달려가 질문을 던졌다. 길 건너 클럽이 춤추는 데냐? 그가 머리를 끄덕였다. 술도 팔고? 위험하지는 않고? 술값이 비싸지는 않고? 몇 시에 문 열어? 그는 쏟아 내는 내 질문에 친절하게 다 답변을 해주었다.

저녁 8시에 클럽이 문을 연다. 정확하게 8시 로비로 내려와서 호텔 문을 지키고 있는 문지기에게 건너편의 클럽에 가겠다고 얘기를 하고 클럽으로 들어갔다. 클럽 안에는 테크노 뮤직의 댄스 음악이 엄청난 소리로 울려 대고 있었다. 아직 이른 저녁이어서 사람이 많지는 않고 흑인 남성 몇몇이 앉아 있었다. 무대 가까이에 가서 자리를 잡고 앉아 둘러보니 그제야 컴컴한 곳이 눈에 익기 시작했는데, 홍대 앞 클럽은 아니었다.

무대에 봉이 있고 몸매가 좋은 여성이 스트립쇼를 하고 있었다. 사방에 걸린 대형 TV 화면에서는 각종 포르노 영화가 방영되고 있었다. 맥주와 치킨을 시켰는데, 이 동네 풍습은 또 색달라서 안주는 웨이터가 시장에 가서 사가지고 왔다. 거의 옷을 걸치지 않은 여성이 계속 등장하여 봉에 매달려 춤을 추었다. 나이가 어려 보이는 젊은 여자, 삼십 중반은 되어 보이는 여자. 몸매도 다양하고 나이도 다양한 모습이었다. 가만히 보니 춤을 추는 여성이 마음에 들면 남성이 데리고 나가는 그런 곳이었다.

나는 그럴 수는 없는 노릇. 포르노 보기도 좀 민망했지만 스트립쇼를 구경하다가 음악이 너무 신이 나고 해서 그 자리에서 일어나 음악에 맞추어 춤을 추었다. 그랬더니 나보다 족히 20센티미터는 더 큰 몸매 좋은 여성이 내 앞에 와서 같이 춤을 추었다. 손도 잡고 같이 신 나게 흔드는데, 그 여성이 허리를 굽혀 내 귀에 대고 끈적끈적한 목소리로 속삭였다.

"아이 라이크 유."

이거 재미있네? 나는 주머니에서 케냐 실링을 몇 장 꺼내어 그녀의 손에 쥐어주지 않을 수 없었다. 그랬더니 또 "아이 워너 터스커(케냐 맥주)."라고 하여 웨이터에게 맥주를 주문해 그녀에게 주었다. 가만히 보니 얼굴도 예쁘고 손을 잡았을 때 감촉은 엄청나게 부드러웠다.

아프리카 여행의 워밍업치고는 대단한 밤이었다. 한참 놀다 보니 나를 지켜보던 호텔의 문지기가 웨이터에게 우리 호텔 손님이라면서 부탁하고 가는 게 보였다. 잘 놀고 있는지, 위험하지 않은지 보러 온 모양이다. 내심 고마웠다.

밤늦게까지 놀다가 숙소로 돌아왔다. 흑인음악에, 테크노에, 댄서에, 맥주에 기분 좋게 취한 밤이었다.

'이만하면 아프리카 여행은 순조롭겠지? 이렇게 푸닥거리를 했으니 잘 풀릴 거야 모든 게.'

치안이 위험하다고 소문난 나이로비의 여행 첫걸음이 잘 무르익고 있었다.

pture the emotion
the moment
OFFER PRICE
32,000
EOS 1200D
Canon
adsite
CRIMINALS
I&M
KBG
083L

여행 · 둘 ·

마사이 청년

케냐의 마시이마라 국립공원의 캠핑장에 묵었을 때였다. 캠핑장 밖 멀지 않은 곳에 마사이족 마을이 있었다. 저녁노을이 지고 있었다.

가벼운 마음으로 저녁 산책을 나섰다. 캠핑장 입구에 있던 관리인이 멀리 가지 마세요 하고 주의를 주었다.

캠핑장 문을 나와 풀숲이 우거진 주위를 좀 걸었다. 길에서 붉은 옷을 걸친 마사이 족 청년과 마주치게 되었다. 키도 크고 옷차림도 단정해 보였다. 순간 나는 카메라를 들이댔다.

"사진 찍어도 되나요?"

"5달러."

나는 가볍게 저녁 산책을 나왔으므로 돈을 전혀 갖고 있지 않았다.

"어머나, 난 돈이 없는데……."

나는 슬며시 카메라를 내렸다.

그랬더니 그는 "그냥 찍어." 하며 포즈를 취해 주었다. 그리고는 싱긋 웃으면서 마을 쪽으로 걸어갔다. 돌아보며 또 한 번 싱긋 웃었다. 나도 같이 웃었다.

여행 · 셋 ·

킬리만자로의 포터 아르도니스

케냐의 국경을 넘어 탄자니아의 모시(Mosi)로 왔다. 킬리만자로 등반을 위해 필요한 준비를 하는 작은 도시다. 숙소로 예약한 YMCA 유스호스텔은 규모도 크고 시설도 깨끗했다. 바로 옆에 학교와 작은 공원도 끼고 있어서 산책하기에 좋았다.

무엇보다 좋은 것은 숙소에 있는 이층 카페에서 정면을 바라보면 만년설에 싸인 산의 모습을 온전히 볼 수 있다는 점이다. 그냥 몇 시간을 보고만 있어도 저절로 그 아름다움에 행복해진다고 할까?

다음 날, 아침 일찍 버스를 타고 산 입구에 도착해 입산에 필요한 절차를 밟았다. 날은 좀 흐렸지만 오히려 산 주위는 부드러운 느낌을 주었다. 1,800미터의 마랑구 게이트를 시작으로 산길은 평탄한 길이어서 완만한 오름이라 가볍게 시작할 수 있었다.

울창한 숲과 하늘이 보이지 않을 정도로 높이 자란 나무들. 숲은 온갖 풀들이 뒤엉켜 있어 그 속에 뭐가 있을지 짐작도 할 수 없었다. 완만한 오름을 쉽게 생각했는데 한 시간, 두 시간 시간이 흐를수록 호흡이 가빠져 발걸음을 옮기기가 여간 힘든 게 아니었다. 다른 등산객들은 모두 바삐 올라가고 나만 뒤처져 헉헉거렸다. 결국 헤드가이드가 내게 포터 한 명을 붙여 주어 나는 세월아 네월아 천천히 산을 올라갔다. 포터의 이름은 아르도니스. 자신의 배낭에 내 배낭까지 짊어지고 힘들어하는 내게 천천히 가라고 계속 힘을 북돋아 주었다. 나중에는 정말 1분에 한 걸음이나 옮길 수 있었을까.

KILIMANJARO NATIONAL PARK
KINAPA HQ
ELEVATION:1879M amsl
VEGETATION ZONE:MONTANE FOREST
FROM MARANGU GATE TO.
• MANDARA HUT:8KM(3HRS)
• HOROMBO HUT:19KM(8HRS)
• KIBO HUT:28KM(13HRS)
• UHURU PEAK:34KM(19HRS)

주위에 아무도 없는 울창한 숲길을 아르도니스와 둘이서 걸었다. 그는 내게 풀이름, 꽃이름, 새이름, 나무들에 대해 이것저것 설명해 주었다. 그 이름들은 지금 하나도 기억나지 않는다. 너무 힘들어 걷지 못하는 내게 힘을 넣어주고자 함이었으리라.

나뭇가지를 꺾어서 지팡이를 만들어 주었다. 앉아서 쉬기도 하고, 물도 마시게 하고, 앉아서 일어나지 못하면 한참을 기다려주기도 했다.

다섯 살 딸아이와 일곱 살 아들이 있다고 했다. 모시에서 부모님과 함께 살고 있고, 학교는 중학교 과정만 겨우 마쳤고, 집안 형편으로 그 이상 학교 공부는 할 수 없었다며 선한 얼굴의 그는 나뭇가지로 흙바닥에 그림을 그렸다.

"꿈이 뭐예요?"

"사파리의 게임드라이버가 되고 싶어요. 그게 목표예요. 멀리 외국으로 돈을 벌러 나가고 싶기도 하구요. 직업이 뭐예요?"

"아, 나는 교사로 학교에 있었는데 이제 퇴직했어요."

"코리아로 초청해 주세요. 코리아에서 일을 하고 싶어요. 여긴 꿈도, 희망도 없어요. 뭘 어떻게 해야 좋을지 모르겠어요."

"……."

"신을 믿나요?"

"글쎄요."

"신이 있다면, 왜 이렇게 살기가 힘든 거예요? 신이 정말 우리를 사랑한다면 사는 게 이렇게 고통스럽진 않을 거예요. 희망이 없어요."

나는 아르도니스에게 어떤 위로의 말도 할 수 없었다.

나뭇가지 위로 원숭이가 오르락내리락, 새끼 원숭이까지 나무줄기를 타고 허공을 휙 날아다녔다. 사방은 고요했다. 주위에는 사람 그림자 하나 없고, 이름을 들어도 기억할 수 없는 열대의 풀들만 뒤엉켜 있었다. 그와 나는 배낭에서 커피를 꺼내 같이 마시고, 점심으로 챙겨 둔 빵과 바나나도 나누어 먹었다.

돌 의자에 앉아서 헤밍웨이를 떠올렸다. 1920년대에 킬리만자로를 등반한 영국 탐험대는 정상에서 정말 얼어 죽은 표범의 시체를 보았다고 하는데, 표범은 아무것도 없는 설산 꼭대기에 왜 올라간 것일까? 표범은 실패한 꿈의 잔재일까? 실패할 것이 분명함에도 불구하고 자신의 이상과 꿈을 위하여 무모한 도전을 해야 하는 것일까? 헤밍웨이는 무모한 도전에 응원을 한 것일까?

자신의 꿈을 위하여 최선을 다했다면 실패하더라도 그는 성공한 자임이 분명하다. 실패를 두려워해서는 아무것도 하지 못하리라.

표범의 시체가 지금도 있을까? 그 시체를 보면 무슨 말을 할 수 있을까?

아르도니스보다 훨씬 많은 세월을 살아왔음에도 불구하고 그에게 어떤 위로의 말도 하지 못하고 그의 아들과 딸에게 줄 선물을 찾고자 배낭을 뒤적뒤적했다.

숲은 안개에 싸여 희미한 나무들을 더욱더 조용하게 만들고 있었다.

여행 · 넷 ·

다르에스살람의 찻집에서

모시에서 탄자니아의 예전 수도인 다르에스살람(Dar es Salaam)으로 버스를 타고 왔다. 다르에스살람에서는 잔지바르로 가는 배를 탈 수도 있고, 잠비아까지 가는 2박3일간의 타자라 국제열차를 탈 수도 있다.

항구 근처, 배낭여행자들이 몰려드는 롯지에 여장을 풀었다. 와이파이가 접속되는 로비에는 핸드폰과 노트북을 열심히 두드려 대는 여러 나라의 젊은이들로 앉을 자리가 없었다. 아프리카를 6개월째 돌아다니고 있다는 일본인의 행색은 볼품이 없었다. 음식이 맞지 않는지 바짝 마르고 기운도 없어 보였다. 말리, 나이지리아 등 서아프리카는 여행하기 너무 힘들고 정국도 불안하여 상당히 위험했다고 이야기를 한다. 그래도 그런 모험심은 대단히 부러웠다.

해가 떨어진 후 거리에 나가니 길가에 의자를 늘어놓은 술집들이 사람들로 북적거렸다. 고기를 굽는 연기가 자욱했다. 매캐한 연기 속에 자리를 잡고 앉아 뭔지 알 수 없는 고기를 먹으며 밤거리를 달려가는 자동차와 넘쳐나는 사람들을 바라보았다. 술집에 앉아 있는 사람들이 모두 흑인이라는 것 외에는 높은 빌딩에 간판도 모두 영어여서 선진국의 어느 도시인지 가늠하기 힘들었다.

아침 일찍 거리로 나섰다. 시장도 좀 봐야 하고 마켓에 가면 커피도 싸게 살 수 있지 않을까 하는 마음에서였다. 밤에는 눈에 들어오지 않았던 모습들이 확연히 보이기 시작했다. 숙소 앞 담벼락을 끼고 있는 노점에 옹기종기 앉아 있는 사람들, 골목길에 어김없이 몰려 있는 사람들. 아침인데도 벌써 햇볕이 뜨거운 거리를 걸으며 '응구기 와 시옹오'의 〈피의 꽃잎들〉 소설 한대목이 떠올랐다.

응주구나에게는 꿈이 있었다. 손에 흙 묻히는 일을 그만뒀다는 표시로 언젠가 손가락에 응고메를 끼고 싶었다. 그러면 젊었을 때 보았던 지주들처럼 될 것 같았다. 유명한 가문들은 소와 염소가 너무 많아 일꾼과 식객들을 얻어서 일을 시켰다. 일꾼과 식객들은 품삯으로 양 한 마리를 받아서 개간되지 않은 땅이나 주인이 없는 풀밭으로 가 목축을 하고 싶어 했다. 부잣집이나 부족, 가문의 우두머리들한테는 일을 시킬 부인들과 아들들이 많거나 더 많은 재산을 가져다 줄 딸들이 많았다.

그러나 응주구나는 늘 잘사는 것과는 거리가 멀었다. 땅에서 거두는 수확은 신통치 않아 보였고, 이제는 식민주의 이전 시절처럼 의존할 처녀지도 없었다. 그의 아들들은 유럽인 농장이나 대도시로 가버린 지 오래였다. 그에게는 딸도 없었다. 하기야 요즘에는 딸이 있어도 별 소용이 없다. 딸을 여럿 둔 응주고 노인도 결국 가진 것은 염소가 아니라 근심뿐이었다. 그래서 응주구나는 일모르그에 흩어져 사는 오두막의 다른 농부들처럼 작은 토지와 빈약한 연장과 소가족 노동에 만족하며 살아야 했다. 그러나 꿈만은 포기하지 않았다.

항구 쪽으로 걸어가니 사람들로 더 북적거렸고 젊은이, 늙은이, 어린아이 할 것 없이 모두 무언가 물건들을 들고 소리를 치며 이것 저것 팔고 있었다. 과일도 있고, 장난감도 있고, 삶은 달걀도 팔고, 그다 맛있어 보이지 않는 빵을 팔고 있는 아이를 등에 업은 아낙도 있다. 모두 고단한 얼굴, 모두 응주구나로 보인다. 물건을 팔려고 열심히 외치고 손을 내밀며 모여든다. 나는 이 모든 응주구나의 물건들을 사주고 싶지만 그럴 수는 없다. 형편도 되지 않고 내게 필요한 물건들도 없다. 마음은 착잡하다. 그럼에도 웃음을 잃지 않고 있는, 적당히 장난도 치고 가는 젊은이들이 귀엽게만 보인다. 흰 이를 드러내고 환하게 이방인에게 웃음을 날리는 그들에게 언젠가 응주구나의 꿈은 이루어지리라.

항구에서 발길을 돌려 천천히 상점들을 구경하기도 하고, 뭐 특별히 색다른 물건은 없나 이곳저곳 기웃거려 보아도 눈에 들어오는 것은 없다. 한참 거리를 헤매 돌아다니다 소규모 마켓에 들어가 다양하게 포장된 커피를 몇 개 집어 들었다. 가격은 그렇게 비싼 것은 아니었다. 마켓을 나와 숙소로 돌아오는 길에 담벼락에 허름하게 자리 잡고 있는 찻집이 눈에 들어왔다.

Robbia

Ngorika

안으로 들어가니 벽 쪽으로 죽 테이블이 놓여 있다. 가판대에는 이리오(옥수수, 감자, 으깬 콩으로 기름에 부친 전), 사모사(볶은 야채, 고기를 반죽하여 얇게 편 만두피를 삼각형으로 싸서 기름에 튀긴 것). 우갈리 등이 놓여 있다. 사모사 몇 개하고 차를 주문했다. 플라스틱 의자에 앉아 아침도 점심도 아닌 것을 먹었다. 찻집에 앉아 있던 사람들이 모두들 돌아보고 웃음을 던진다. 그들과 함께 차를 마셨다.

모두 친절하고 다정한 얼굴들이었다. 옹색하고 초라한 이 찻집이 정말 정답고 아늑하게 느껴졌다. 초라한 행색의 고단한 얼굴들이 아름답게 느껴지는 순간이었다.

모든 응주구나의 꿈이 이루어지기를.

"아저씨, 여기 차 한 잔 더 주세요."

오래오래 앉아 있고 싶었다.

여행 · 다섯 ·

검은 해안 잔지바르

다르에스살람에서 고속 페리로 한 시간 반이면 잔지바르에 도착한다. 배를 타는 절차가 복잡하고 까다로워서 마치 다른 나라로 가는 듯한 느낌이다.

배 안은 다르에스살람에서 물건을 사가지고 섬으로 들어가는 현지인들로 북적거린다. 선실을 벗어나 갑판으로 나가니 끝없이 펼쳐진 인도양의 파란빛이 시원하기 그지없다. 선실 내부에는 주로 여자들이 아이들과 함께 있고, 바깥쪽은 거의 남자들뿐이었다. 바람을 쐬는 것도 좋았지만 그들의 시선이 따가워서 조용히 내 자리로 돌아왔다.

고대에 아랍인이 건설한 왕국이고, 한때는 아프리카 노예시장의

중심지로 악명이 높았지만 현재는 유럽인들의 휴양지로 사랑을 받는 인도양의 흑진주라 불리는 잔지바르. 1960년대까지 술탄의 왕궁 소재지였고, 섬의 주민 대부분이 무슬림이다.

배 안에서 핸드폰 충전기를 빌려 달라는 덴마크 여행객과 얘기를 나누게 되었다. 금발의 긴 머리가 잘 어울리는 청년이었다. 한국에 여행을 간다면 추천할 만한 데가 어디냐는 질문에 서울의 궁궐과 남대문·동대문시장, 제주도, 설악산밖에 얘기하지 못한 내가 여행 내내 속상하기만 했다. 좀 더 자세하게 여기저기 일러 주지 못한 점이 아쉽기만 했다.

섬의 중심지인 올드 스톤타운에 여장을 풀고, 락 그룹 퀸의 보컬이었던 프레디 머큐리의 출생지여서 뭔가 기념관이라도 있나 하여 찾아가 보았다. 그러나 그곳은 서적을 팔고 있는 책방이었고, 가게 앞에 조그만 사진 몇 장만 붙어 있을 뿐이었다.

아프리카라기보다는 아랍의 냄새가 흠씬 풍기는 미로처럼 구불구불 이어져 있는 돌집들 사이를 걸어가면 길을 잃어도 좋았다. 골목을 돌면 모스크가 있고, 또 골목을 돌면 옛 아랍의 유적, 길을 물어볼 사람이 없어도 좋은, 오래된 돌집들의 제각각인 대문과 창문들이 예쁘기만 했다. 햇볕은 머리 위에서 하얗게 부서지고, 바쁠 것도 없이 시간은 돌집 사이를 느릿느릿 걸음에 밟히듯이 늘어져 있다. 우연히 마주친 소녀들과 같이 사진도 찍고 얘기도 나누고, 골목을 돌면 할아버지의 미소가 반겨 준다.

여행자의 행복일까?

골목을 빠져 나와 시장으로 이어지는 길목에 19세기 중반까지 400여 년간 아프리카 전역에서 생포한 아프리카인을 팔았던 노예시장이 있었다. 그들을 가둬 놓았던 현장이 그대로 보존되어 있고, 그 옆에 지금은 대성당이 세워져 있다.

지하에 보존된 노예시장의 현장은 끔찍했다. 전시된 사진과 설명들, 마당에 있는 그들의 고통을 위로하는 뜻의 조각품을 둘러보면서 햇볕에 한없이 늘어져 스톤타운을 거닐면서 느꼈던 여행자의 행복이 순식간에 깨져 버렸다.

섬에서 보낼 날이 며칠 여유가 있었으므로 다시 터덜터덜 오래된 돌집 사이를, 시간을 잊어버린 채 걸어 다녔다.

아프리칸 하우스의 일몰이 가장 아름답다고 하여 일찌감치 찾아가서 제일 좋은 자리를 잡았다. 나마 초마(소, 양, 닭고기를 불에 구운 요리)에 와리 와 나비(쌀을 코코넛 주스로 찐 코코넛밥), 맥주를 곁들였다. 인도양으로 뉘엿뉘엿 넘어가는 해, 그리고 서서히 깔리는 어둠, 해변을 달려가는 소년들의 검은 그림자, 하나둘 켜지는 상점들의 불빛, 서늘하게 불어오는 바람, 저렴한 물가까지. 왜 잔지바르가 유럽인들에게 인기 있는 휴양지인지 실감하는 순간이었다.

어두워진 거리를 따라 조명과 음악소리가 요란한 바에 들어가니 사람들이 별로 없었다. 웬일이냐고 파키스탄 인에게 물어보니 오늘 해안가에 있는 바에서 콘서트가 있어 다들 그곳에 몰려갔다고. 아뿔싸 좋은 구경을 놓쳤구나.

해안가로 갔을 때에는 이미 공연은 끝났고, 먹거리 가게들만 북적거렸다. 상점에서 원주민들이 입는 화려한 원피스를 한 벌 집어 들었다. 아무래도 해변의 분위기를 내려면 청바지를 벗고 발목이 드러나는 원피스를 입어야 했다.

다음 날은 핑웨의 유명한 록 레스토랑으로 갔다. 바다의 바위 위에 세워진 레스토랑인데 만조 때는 배를 타야 하고, 물이 빠지면 걸어갈 수도 있다. 랍스터, 문어, 소라, 새우 등 해물찜 요리를 비싸지 않게 먹을 수 있는 곳이었다. 별다른 조리없이 순수하게 해물을 쪄서 쟁반 가득 내오는데, 바다 위에서 바다를 보면서 먹는 맛이란! 우리나라와 워낙 거리가 멀어서 쉽게 올 수 없는 곳이지만 록 레스토랑의 해물 맛만으로도 다시 오고 싶은 곳이다.

섬의 북부인 능귀 해변으로 숙소를 옮겼는데, 마을은 골목이나 해안이나 너무 한가하고 조용해 모두 낮잠에 빠진 듯했다. 정말 골목길의 개나 고양이도 모두 낮잠에 빠져 있었다. 나까지 햇볕에 늘어져서 어디 나무 그늘에 누워 낮잠이라도 자야 할 생각이 들 정도였다. 마을 골목골목을 다니면서 상점을 기웃거려도 주인의 기척은 없다. 고양이나 눈에 띌까, 사람이라고는 그림자도 보이지 않는다. 모래에 발은 푹푹 빠지고 태양은 이글거린다. 아무 소리도 들리지 않는다. 벌레 소리도 없다.

햇볕이 하얗게 부서져 앞이 온통 하얀 골목길을 느릿느릿 걸어본다. 시간은 정지한 듯 저만치 밀려나 있고, 나는 어디를 걸어가는 걸까. 시간의 어디쯤일까.

"이천 실링만 주세요."

돌아보니 예닐곱 살 된 남자 어린아이다.

"네가 그 돈으로 뭘 하게?"

"축구공 사려구요."

"너 정말 축구공을 사려는 거야?"

아이는 고개를 끄덕인다. 구걸은 안 된다. 아이한테 돈을 그냥 주면 안 된다. 거짓말은 안 된다. 나는 속으로 몇 가지 이유를 떠올렸다.

"축구공을 어디서 파는지 어디 한번 가 보자."

아이가 앞장을 서고 나는 뒤를 따랐다. 골목을 이리저리 돌고 한참을 따라가도 멈추지를 않는다.

"어디로 가는데?"

"마켓이요."

손으로 언덕 너머를 가리켰다.

반산반의하면서 아이 뒤를 따라갔다. 족히 십여 분은 걸었다. 마을을 벗어나고 마을 외곽의 상점들까지 다 지나쳤다. 모래 언덕뿐이고 아무것도 보이지 않는다. 야자수도 띄엄띄엄, 나무 그늘도 없다. 집도 보이지 않는다.

언덕을 한참 올라가니 그제야 건물이 보인다. 마을 외곽에 건물 몇 채가 있고, 조그맣게 '마켓'이라 쓰인 글자가 눈에 들어왔다. 아이와 함께 마켓의 문을 열고 들어가니 에어컨 바람이 정말 시원하다. 마켓의 선반 위에 축구공이 있었다. 가격을 보니 십만 실링이 넘는다. 아이와 함께 조용히 마켓을 나왔다. 아이가 거짓말을 한 것일까? 단지 구걸이었을까?

어떤 경우이든 교육적으로 아이에게 좋지 않았다. 다른 경로를 찾아 축구공을 사주는 일이 있더라도 아이에게 직접 줄 수는 없었다. 가격이 비싸고 싸고가 문제는 아니었다. 아이를 살살 달래어 집으로 돌려보내고 혼자 마을길을 찾아 해변으로 돌아왔다.

해변은 아직 잠에 빠진 듯 조용했다. 곧 해가 질 듯했다. 백사장에 사람은 안 보이고 갈매기들만 이리저리 돌아다녔다. 내일은 파제 해변으로 돌고래를 보러 가야지 생각하면서 어둠에 잠기는 바다를 바라보았다.

여행 · 여섯 ·

소년의 꿈은 뭘까

빅토리아 폭포를 보기 위해서는 탄자니아의 다르에스살람에서 잠비아의 남쪽 지방인 리빙스톤으로 이동해야 한다. 먼저 다르에스살람에서 기차를 타고 카피리 음포시에 도착해 다시 서너 시간 버스를 달려 잠비아의 수도인 루사카에 도착을 하고, 거기서 다시 리빙스톤으로 가는 버스를 타야 한다. 정말 기나긴 여정이 아닐 수 없다. 리빙스톤까지 비행기를 타면 간단한 것을.

그렇지만 동아프리카와 남아프리카를 연결하는 2박3일간의 이 타자라 열차(Tanzania-Zambia Railway Authority) 여행이 진정한 아프리카 여행이 아닐까. 80년대 초반에 만들어진 이 열차는 물론 낡았다. 전반적인 시설도 그렇고, 명색이 1등석인 4인용 침대칸도 상당히 열악하다. 그러나 일단 기차를 타서 가슴에 아프리카의 들판을 담아두고 풍경이 이야기를 시작하면 열차의 열악함도, 잠자리의 불편함도, 연착과 지연으로 3박4일은 넉넉히 잡아야 한다는 이야기도 전혀 문제가 되지 않는다.

3일을 온전히 기차 안에서 지내야 하므로 준비해야 할 것들이 꽤 있다. 먹을 것은 관두고라도 소소한 생활용품이 많이 필요하니 준비를 해야 한다. 열차 안에서는 맥주값도 비싸므로 술도 넉넉히 사두어야 한다.

재미있는 점은 장거리 열차여서 그런지 남성 칸과 여성 칸을 분리해 놓았다. 한 콤파트먼트 안에 여성끼리만 타고 있으니 행동하기에도 편하고 안전하기도 하다. 그리고 때가 되면 굳이 식당 칸에 가지 않아도 승무원이 주문을 받으러 온다. 메뉴는 스테이크, 생선구이, 치킨 등이다. 창밖 풍경을 바라보면서 먹는 맛이란, 이 또한 훌륭하다.

다르에스살람을 떠난 열차는 광활한 야생보호구역인 국립공원을 지나게 된다. 이때 운이 좋지 않아도 기린, 코끼리, 얼룩말을 만날 수 있다. 지루할 틈이 없는 여정이다.

해안선을 지나 해발 2,500미터 정도의 산악지대를 지나기도 하고, 완만한 고원지대를 달리기도 한다. 끝없이 펼쳐진 초원에 온갖 풀꽃들이 뒤엉켜 있고, 바오바브나무들이 즐비하다. 어린 나무부터 고목에 이르기까지 온통 바오바브나무다. 굽이굽이 강이 흐르기도 하고, 멀리 크고 작은 마을들이 옹기종기 보인다. 곳곳에 작은 폭포가 보이기도 하고, 드넓은 평원에 해가 넘어가는 멋진 풍경도 볼 수 있다. 하늘은 또 시시각각 다른 모습을 연출한다.

객실 의자에 앉아 펼쳐지는 풍경을 보는 재미에 도대체 자리에서 일어날 수가 없다. 화장실을 가기도 겁이 난다. 아름다운 풍경을 놓칠까 봐. 사진을 못 찍는 게 안타까워서 꼼짝할 수가 없다. 정말 기차의 창가에 돌부처처럼 붙박혀 있었다.

곳곳에 정차하는 작은 마을의 이름을 읽는 재미도 쏠쏠하다. 처음 들어보는 생소한 이름들, 읽기도 어려운 이름들. 물론 역사 자체는 볼품없고 초라하지만 기차가 마을을 달려가면 온 동네 아이들이 다 뛰어나온다. 마치 축제처럼 사방팔방에서.

열차가 정차하면 과일을 파는 여자들로 기차 주변은 북적거린다. 바나나, 파인애플, 찐 옥수수, 찐 감자, 사탕수수 등. 홍정하는 재미도 있고, 이들의 표정도 정말 다양하고 재미있다. 기차에서 내려 사 먹을 수도 있다. 아이들도 몰려와서 사진을 찍으면 포즈를 취하기도 하고, 아이들다운 천진난만한 웃음으로 즐거움을 주기도 한다.

역시 조그만 마을에 도착했다. 동네 여자들, 아이들이 우르르 몰려왔다. 창밖을 보니 조금 떨어진 곳에 소년이 혼자 기차를 올려다보았다. 저도 그 기차를 타고 마을을 벗어나 어디 멀리멀리 가고 싶다는 듯 .

"너의 꿈은 뭐니?" 하고 물어보고 싶었다.

네가 알고 있는 이 기차의 종점 카피리 음포시니? 아니면 루사카? 아니면 잠비아를 벗어난 더 멀리?

"소년아, 여기를 벗어나 아무리 멀리멀리 달려가더라도 우리의 꿈은 늘 저만치 멀리 떨어져 있어. 꿈은 잡히지 않는단다. 힘차게 네가 너의 길을 만들어 가야 해."

소년에게 외치고 싶었다.

가방을 열어보니 볼펜 한 자루가 나왔다. 소년에게 선물하려고 창밖으로 몸을 내미는데, 마침 객실 앞을 지나가던 여승무원이 볼펜을 자신에게 달라고 한다. 참 난감했다. 여분의 볼펜은 딱 한 자루밖에 없었다.

"미안하지만 여분이 없네요. 저 아이에게 줘야겠어요."

멋쩍게 웃고는 창밖으로 몸을 내밀어 아이에게 볼펜을 전해 주었다.
기차가 움직였다. 아이가 멀어질 때까지 한참 손을 흔들었다.

여행 · 일곱 ·

잠비아 루사카에서

카피리 음포시에는 8시간이나 연착하여 자정 가까이에 도착했다. 이곳은 단지 타자라 열차의 종착지일 뿐 작은 마을에 불과하다. 역사를 나오니 루사카로 가는 승합차들이 몰려 있었다. 낡은 마이크로 버스인데, 인원수가 다 차야 출발하는 버스다. 버스는 좀체 출발하지 않았다. 한두 명 더 태우려고 한 시간은 족히 버스에 앉아 있었다.

낯선 곳에 도착했을 때 이 설렘의 정체는 뭘까? 이 두근거림, 두려움, 핏속을 세차게 휘도는 열기.

사실 여행지에 도착했을 때 사전 지식이나 정보는 내게 별로 중요하지 않다. 별다른 정보 수집도 하지 않는다. 낯선 곳에 도착했을 때의 그 첫 번째 인상, 느낌, 그 지역만의 독특한 냄새, 소리, 웅성거림, 눈에 들어오는 여러 가지 풍경들 그런 것에 나는 집중한다. 귀에 이어폰을 꽂고 음악을 들으면서 다니지도 않는다. 그 지역 특유의 여러 소리들에 집중한다. 온몸으로 낯선 곳을 느끼는 것이다. 그러면 많은 것들이 몸으로 전달된다.

별다른 정보없이 도착지를 향하여 발걸음을 옮길 때 몰려오는 이 매혹의 감정들을 나는 사랑한다. 이 도시는 어떤 모습일까, 이 도시에는 무엇이 있을까, 이 도시에 사는 사람들은 어떤 삶을 살고 있을까?

내 앞에 새롭게 전개될 지역에 대한 궁금증과 기대로 마음은 한껏 부풀어 올라 무거운 배낭도 발걸음 가볍게 옮길 수 있다. 좁은 의자에 불편하게 끼어 앉아 있어도 내 옆에 앉은 이 흑인 젊은이의 꿈은 무엇일까, 무슨 일을 할까, 어떤 삶을 꿈꾸고 있을까 이런저런 생각에 불편한 줄도 모른다.

버스는 기어이 더 이상 사람이 앉을 자리가 없을 정도가 되자 자정이 한참 지난 거리를 달려 나갔다. 잠비아의 고속도로를 달리는 셈이었다.

도로에는 우리나라에서도 보기 힘든 대형 트럭들이 달리고 있었는데, 바퀴를 세어보니 보통 32개, 40개 정도였다. 산업용 트럭이거나 생필품 물자 수송이겠지만 왠지 아프리카의 힘찬 동력이 느껴졌다. 발전하려는 그 힘에 감탄하며 하늘을 보니 기막히게도 밤하늘에는 온통 별이 하얗게 쏟아지고 있었다. 타자라 열차에서도 밤을 달려오며 기차 창문으로 머리를 내밀어 쏟아지는 별에 감탄했는데, 지금 이 좁은 버스 안에서 보이는 밤하늘에도 굽이굽이 은하수가 흘러가고 있었다. 까마득히 내 어린 시절에 본 밤하늘의 은하수, 지금은 낱말로만 기억되는 그 은하수가 하얗게 흘러가고 있었다.

다음 날, 피곤한 줄도 모르고 루사카 시내를 여기저기 돌아다녔다. 시원하게 쭉 뻗은 중심 대로에는 정말 본 적도 없는 키도 크고 잎도 울창한 열대지역 가로수들이 잘 조성되어 나무 그늘에서 산책하기에 아주 좋았다. 팻말에 나무 이름이 적혀 있었지만 생소하여 기억도 나지 않는다. 중심 대로는 깨끗하게 정리가 되어 있었지만 골목으로 조금만 들어가면 거리는 어수선했다. 한쪽에는 쓰레기더미에 지저분했으며, 거리마다 물건을 내놓고 장사하는 사람들로 복잡했다.

시내에서 제일 크고 현대적이라는 쇼핑몰을 찾아갔다. 패스트푸드점·유명브랜드의 옷가게들이 있고, 커피숍·극장·레스토랑이 있었다. 멋진 옷을 입은 현지인들도 제법 눈에 띄었다. 우리나라의 TV에서 가끔 보던 그런 아프리카의 모습은 정녕 아니었다. 이 무슨 편견이란 말인가. 꽤 큰 규모의 슈퍼마켓에서는 여러 가지 열대 과일과 먹거리들도 싱싱해 보였고, 선진국의 대도시에 뒤지지 않는 모습에 내심 놀랐다.

마켓에서 구운 닭고기와 샐러드, 과일을 사 들고 한쪽에 마련된 테이블에서 먹었다. 훌륭한 점심식사였다. 쇼핑몰을 돌아다니다가 테라스로 나와 보니 바로 옆에 전력발전소가 있었다. 그것도 커다란 규모의 발전소가. 이렇게 시내 중심가에 큰 발전소가 있다니, 내 상식으로는 좀 의외였다. 도시 계획이 잘못된 탓일까?

시내 중심가를 가로질러 도로의 끝에 재래시장이 있었다. 우리나라의 동대문·남대문시장과 별 차이 없는, 사람이 너무 많아 복잡하고 다니기도 힘들고 채소, 과일, 육류, 생필품 등등 온갖 물건들이 널려 있었다. 시장을 둘러보며 길거리에 서서 튀김류도 사 먹고 옥수수도 사서 먹으면서 다녔다. 감자를 사면서 흥정도 하고, 바나나도 한 줄기 사 들었다. 젊은이들에게 사진기를 들이대면 멋지게 포즈도 취해 주었다. 사람들로 북적대는 시장은 재미있어서 시간 가는 줄 모르고 돌아다녔다. 날씨가 더운데도 더운 줄도 모르고 무거운 짐까지 들고서 한참을 돌아다녔다. 시장에 오면 사람 사는 모습이 보이니까.

LunchBar
MEDICATED SOAP
PIKNIK
SUMO
Choice
creams
JUNGLE
375
AXE
AXE
AXE

한 상점에 들어가 물 한 병을 달라고 했다. 주인은 생수를 묶음으로 판다고 했다. 나는 단지 한 병이 필요할 뿐인데……. 힘없이 돌아 나오는데 주인 남자가 다시 불렀다. 웃으면서 물 한 병을 내밀었다. 돈을 내려고 했더니 받지 않고 웃기만 할 뿐, 그냥 가라고 했다. 잠비아의 루사카에서 젊은 남자에게 물 한 병을 그냥 얻었다. 나도 웃어주고 그냥 나왔다. 물값이 얼마 되겠느냐마는 젊은이의 고운 마음이 든 물맛은 상당히 좋았다.

여행 · 여덟 ·

빅토리아 폴스의 숙소

잠비아와 짐바브웨 사이를 흐르고 있는 잠베지 강에 세계 3대 폭포 중 하나인 빅토리아 폭포가 있다. 잠비아의 리빙스톤에서 잠비아 쪽 빅토리아 폭포를 보고 국경을 넘어 짐바브웨 빅토리아 폴스로 이동했다. 리빙스턴에서 볼 수 있는 폭포와 짐바브웨 쪽에서 볼 수 있는 폭포의 비경이 달라 많은 관광객들이 국경을 넘어 다닌다.

잠비아에서 묵었던 리빙스턴 백패커스는 값이 싸지만 부대시설이 잘 되어 있는 숙소다. 바·수영장·암벽 등반 벽이 있고, 키친도 넓어서 저녁에는 직접 요리를 할 수 있다.

10여 분 거리의 시장에서 감자, 옥수수를 사다가 쪄서 저녁으로 먹었다. 수영장 주위의 테이블에 저녁을 차려놓고 여러 여행자들과 함께 어울리며 음식을 나누어 먹었다. 숙소 한편에는 이 지역 자원봉사자들의 숙소도 있다.

숙소 안의 바에서 맥주를 마시며 밤늦도록 떠들어 대는 백인 젊은이들의 체력도 부러웠고, 스스럼없이 낯선 사람들과 잘 어울려 노는 활달함도 부러웠다.

숙소의 철대문은 항상 경비가 지키고, 잠겨 있다. 밤에는 물론 안심이 되었지만, 배낭여행객들이 장기간 머물며 레저를 즐기는 곳인데도 이 정도면 어디에나 약간의 위험 요소는 있는 모양이다.

짐바브웨 빅토리아 폴스 중심지에서 폭포까지 걸어서 20여 분 정도 걸린다. 중심지에는 폭포를 즐기기 위한 온갖 활동과 관련된 회사가 많으며, 일 년 내내 각국의 관광객들이 끊이지 않고, 값싼 숙소도 많다.

내가 묵었던 슈스트링스 백패커스도 가격이 저렴했는데, 젊고 활기찬 분위기의 숙소다. 폭포를 구경하는 것 외에도 잠베지 강에서 즐길 수 있는 방법이 많아서 숙소는 젊은이들로 북적거렸다. 번지점프나 폭포에서 떨어지는 물줄기를 타고 하류로 내려가는 래프팅은 인기가 많은 스포츠지만 나는 감히 꿈도 꿀 수 없었다.

SHOESTRINGS
CAFÉ
PLACE FOOD ORDERS HERE

오전에 넓은 숙소는 텅 비어 조용했다. 햇볕이 잘 드는 앞마당에 묵은 빨래를 하고 널어놓았는데 반나절도 안 되어 뽀송뽀송 기분 좋게 잘 말랐다. 숙소 구석구석을 산책도 하고 여기저기 기웃거리기도 했다. 1달러를 주고 와이파이 비번을 받았는데 실행에 실패해서 어슬렁거리는 커다란 개와 숙소에서 놀면서 한가하게 시간을 보냈다.

역시 숙소의 대문은 철문으로, 항상 경비가 있었고 담벼락도 높았다. 보안에 상당히 신경을 쓰는 듯했다. 여행 책자에는 밤길에 돌아다니지 않는 것이 좋다는 경고가 어김없이 있었다.

저녁나절에 잠베지 강 선셋 크루즈를 했다. 와인과 맥주를 무료로 제공하고 간단한 안주도 나온다. 잠베지 강의 저물어가는 석양을 보며 강 주위에 노니는 악어, 하마, 코끼리를 함께 볼 수 있다. 키가 크게 자란 물풀 사이에 이름 모를 새가 서식하고, 울창한 풀숲은 그 속에 뭐가 살고 있는지 두렵기도 했다.

강은 바다처럼 넓어서 그 아름다운 경치가 한눈에 다 들어오질 않았다. 강바람은 산들산들 기분 좋게 불어와 석양에 넋을 놓고 있는데, 러시아 남자들이 무제한 제공하는 와인에 취한 듯 언성을 높여 약간 불안하기도 했다.

숙소에 돌아오니 늦은 저녁인데도 키친에서 요리하는 여행객들로 북적거렸다. 기웃거리다가 스파게티를 얻어먹고 맥주를 마셨다.

숙소 안의 바는, 금요일 밤에는 이 지역의 젊은이들도 몰려와서 함께 춤추고 웃고 떠드는 곳이다. 그런데 평일인 오늘은 음악만 요란하게 쿵쿵 울리고 넓게 펼쳐진 의자에서 조용히 맥주를 마시고 있다. 국적을 알 수 없는 여러 나라의 여행객들이다. 마당 한편에 모여 앉아서 기타를 치고 함께 노래를 부르기도 하고, 여행담과 정보를 주고받기도 했다.

지역민인지 여행객인지 모를 젊은이와 음악만 쿵쿵 울려 대는 텅 빈 홀에서 함께 춤을 추었다. 음악에 맞춰 흥겹게 춤을 추고 놀았다. 한참 추고 난 후 젊은이가 정중하게 인사를 하고 춤을 끝냈다.

나는 혼자서 계속 춤을 추었다. 머릿속에서는 폭포의 웅장한 굉음이 계속 울려 댔고, 온몸은 폭포의 물보라로 흠뻑 젖어 있었다. 우비를 입어도 폭포 근처에서는 몸이 다 젖었고, 안경도 물에 젖어 앞이 제대로 보이지 않았다. 폭포에서 떨어지는 물줄기는 바람에 날려 여름날의 폭우는 문제도 아니었다. 굉음에, 물보라에, 무지개에, 강렬한 햇볕에 정신을 잃어버릴 정도의 폭포였다.

요란한 음악에 맞춰 춤을 추면서 폭포와 한판 굿을 벌리고 있었다. 고단한 우리의 삶에서 언제 또 이런 열정의 순간이 올까 속으로 외치고 있었다.

여행 · 아홉 ·

지금 어디에 있는 것일까

보츠와나-오카방고 강에서 흐른 물이 사막을 만나 증발하면서 퇴적물에 막혀 삼각주의 독특한 지형을 이룬 이곳은 온갖 동식물이 살고, 이곳 주민들은 이 터전을 지키며 대대손손 살아가고 있다.

바다에 이르지 못한 강물은 안타깝지만 얼마나 아름다운 모습일까? 아프리카에서도 뛰어난 경치로 손꼽히는 지역이라니 한껏 기대에 부풀었다.

국경을 통과할 때는 시간이 제법 걸렸다. 버스의 승객들이 모두 각자의 짐을 들고 내려서 공항 검색대처럼 하나하나 검사를 받아야 했다. 가방 안에 들어 있는 신발도 꺼내어 바닥을 소독해야 하고, 짐 검사를 받은 다음에는 소독약을 뿌린 물이 흥건한 받침판을 밟고 지나가야 했다. 국경 검문소에서 까다롭게 구제역 방역을 하는 것은 보츠와나에서만 볼 수 있는 절차였다. 자국의 축산업과 농산물 보호 차원이리라.

국경에서 거의 열 시간 걸리는 마운까지 가는 동안 도로변에는 지평선이 보이는 대평원의 농장이 끝없이 펼쳐져 있었다. 대단한 규모의 엄청나게 큰 농작지다. 주로 옥수수와 해바라기를 재배한다. 마운은 사파리 투어와 오카방고 델타를 보기 위한 관광객들이 몰리는 작은 도시다.

숙소로 들어가기 전에 마을 중심에 있는 마트에서 이것저것 생필품을 준비해야 했다. 강변에 있는 배낭여행자 숙소는 야영장의 침대를 갖춘 텐트지만 가격은 만만치 않았다. 야영장은 물론 공동 화장실에 공동 샤워실, 식당과 바는 텐트에서 한참 걸어가야 하니 해가 떨어지면 무서워서 꼼짝할 수가 없다. 원숭이가 몰려와서 신발도 가져가고, 음식물도 가져가서 문단속을 단단히 해야 했다.

다음 날, 오카방고 강에 이르니 그 지역의 마을 사람들이 전부 나와 있는 듯했다. 남녀 젊은이, 노인, 심지어 어린아이들까지. 뱃사공이 그들의 주요한 생계수단이었으므로 각자의 배를 가지고 대기하는 듯 보였다.

강폭이 좁은 물길을 따라 '모코로(Mokoro)'라는 카누처럼 생긴 길쭉한 배를 타고 강의 이곳저곳을 둘러보았다. 일어서면 배가 뒤집힐 정도로 좁고 긴 배이므로 꼼짝없이 풀을 깔아놓은 축축한 바닥에 앉아 있어야 했다. 이 배가 조상 대대로 이 지역 주민들의 유일한 교통수단이라고 한다. 이들은 어릴 때부터 강에서 자란다. 물길 따라 살아가는 것이 곧 이들의 생계수단이다.

강물을 따라서 갈대와 파피루스가 한창 자라나 키가 큰 풀들이 울창하게 들어선 곳은 그 속에 무엇이 있는지 알 수 없어 사실 겁도 났다. 그러나 곳곳에 수련이 갖가지 색으로 고개를 내밀고 물풀 사이에서 활짝 웃고 있어서 대체 내가 어디에 와 있는 것인지 잠깐 정신이 혼미해질 정도로 아름다웠다.

물에 비치는 하늘은 더없이 파란빛이었고, 어디선가 불어와 물풀을 흔들어 대는 바람소리, 사공의 노 젓는 철썩거리는 물소리, 끝없이 이어지는 강줄기, 한 굽이를 돌면 탁 트이는 넓은 강이 보이고 물풀 속으로 들어가면 풀숲에 싸인 좁은 물길이 또 끝없이 이어지고.

사공이 가리키는 곳을 보니 멀리 하마가 떼를 지어 놀고 있었다. 하마와 악어가 서식하고 있어서 사실은 마음을 놓을 수 없는 지역인데, 긴장감과 함께 펼쳐져 있는 평온이 묘한 아름다움으로 다가온다.

차분하게 깔려 있는 정적 속에 스산하게 불어오는 바람과 규칙적으로 들리는 물소리, 하얗게 빛나는 햇살과 물에 비치는 파란 하늘. 물속에 손을 넣고 물의 흐름을 느껴본다. 가볍게 스치는 부드러운 물의 손길. 꽤 깊이 물속이 들여다보일 정도로 물은 맑고 깨끗하다.

먼 곳에의 그리움의 정체는 바로 이런 것일까. 이렇게 자연 속에 안겨 자신을 잃어버릴 정도의 평안함을 느끼려 한 것일까.

전생에 나는 얼마나 떠돌았던 것일까? 나는 필시 유목민이었던 게다. 사막을, 강을, 평원을 한없이 떠돌던 유목민이었던 게다. 하늘의 별자리를 보며 나아갈 방향을 잡고, 미련 없이 텐트를 걷어버리고 한 곳에 오래 정착하지 않고, 바람을 맞으며 발이 푹푹 빠지는 모래밭을 한없이 걸었던 유목민의 피가 아직도 세차게 흐르고 있는 게다.

깊숙이 물 밑으로 수련의 뿌리가 뒤엉켜 있는 걸 보면 물속으로 빨려 들어가는 느낌이었다. 세상이 고요하고 평온해서 시간이 멈춰버린 듯 내가 물속에 있는지, 하늘에 있는지, 물속을 저어가는 것인지, 구름 속을 저어가는 것인지, 물길인지 구름길인지.

이 나른하고 고요한 평온함에 몸을 맡기고 사공이 알려 준 이름도 잊어버리고, 사진 찍는 것도 잊어버리고, 배고픈 것도 잊어버리고, 점심 도시락은 사공에게 줘버리고 대체 나는 어디에 있는 것일까?

수련이 곳곳에 불을 밝히고 갈대숲이 끝없이 이어진 이 뱃길은 대체 어디를 향해 가는 것일까?

여행 · 열 ·

솔리테르 마을의 브랜다와 야스민

나미비아를 돌아보기 위해서는 일단 수도인 빈트후크에서 시작해야 한다. 에토샤 국립공원 사파리나 나미브 나우크루프트 국립공원 안의 소수스블레이 사막과 데드플라이 사막 투어를 위한 거점 도시이기 때문이다.

워낙 관광객이 많은 도시인 탓도 있지만 '아프리카 속의 작은 독일'이라는 별명이 말해 주듯 도시 곳곳의 건축물이나 분위기가 독일의 영향을 많이 받은 듯하다. 구획이 잘 정리되고 깨끗한 거리의 모습은 아프리카의 느낌보다는 유럽의 어느 거리를 걷는 기분이다.

환전소 근처의 언덕에 자리 잡은 큰 교회를 찾아가니 역시 독일 루터파 교회였다. 거리에서 보이는 여성들의 전통적인 복장에서 '아, 여기가 나미비아구나!' 하는 느낌을 받는다.

더 카드보드박스 백패커스에 여장을 풀었다. 저렴한 가격에 아침 식사가 제공되는, 주변 환경도 깨끗한 주택가였다. 당구대가 놓여 있고 편안한 소파에 앉아 책도 읽을 수 있으며, 다른 여행객들과 정보도 교환할 수 있는 제법 널찍한 라운지가 흥미롭다.

벽에 붙어 있는 동반자를 구하는 메모를 하나하나 읽어보는 재미도 쏠쏠했다. 대부분 사막 투어를 위하여 짧게 잡아도 2박3일간은 머물러야 하므로 자동차 렌트 등 경비 절감을 위해 트래블 메이트를 찾는 내용이었다. 브라질에서 온 알버트라고 자신을 소개한 청년, 러시아에서 온 파벨과 마리아는 각각 22세와 30세라고 자신을 소개하고 있다. 일주일간의 사막 투어와 피쉬 리버 캐니언을 돌아보는 계획이었고, 30세의 캐네디언은 나미브 사막 투어의 동반자를 구하고 있었다. 또 핸드폰을 싸게 팔겠다는 친구는 여행 경비가 부족한 건지도 모른다. 노트를 찢어 볼펜으로 써서 벽에 붙여 놓은 메모가 귀엽게 느껴진다. 찢어 낸 노트 조각이나 글씨, 테이프로 엉성하게 붙인 솜씨 등에서 젊은이들다운 귀염성과 용감함이 느껴지긴 했지만, 물론 내가 선택할 수 있는 건 아니었다.

라운지 창밖으로 수영장이 보인다. 더우면 언제라도 뛰어들라는 얘기다. 아프리카에서는 배낭족의 싼 숙소에서도 대부분 수영장과 바, 레스토랑을 갖추고 있어 젊은이들의 마음을 잘 읽고 있다고 할까, 어디서든 활기가 느껴져서 좋다.

the following
Sossusvlei
CARDBOARD BOX
—Frank Zappa
—The Bloodhound Gang
CARDBOARD BOX
Dear Guest,
CARDBOARD BOX

아침식사는 토스트 두 조각에 삶은 계란 한 개지만 무엇보다도 커피를 커다란 머그잔에 가득 담아 주는 게 정말 마음에 들었다. 제대로 된 커피를 마신 지가 여러 날 되었기 때문이었다.

빈트후크를 출발해 세계에서 가장 높은 모래 언덕으로 이루어진 세상에서 가장 오래되고 가장 아름답다는 나미브 사막으로 향했다. 시내를 벗어나니 바로 황량한 사막지대다. 험한 바위와 납작하게 땅에 붙어 있는 전형적인 사막 식물들. 가끔 보이는 나무에 나뭇가지와 풀로 엮어진 커다란 주머니가 주렁주렁 매달린 게 보인다. 바로 집단 베짜기새(social weaver bird) 집이었다. 사막지대에 서식하는 참새과인데, 나무에 거대한 집단 둥지를 만들고 200~300마리가 공동체 생활을 한다고 한다. 처음에는 징그럽고 무섭게 보였는데, 새들이 구멍 속을 들락날락하는 걸 보니 귀엽고 신기하게 느껴졌다.

서너 시간 동안 반 사막지대를 달렸다. 집들은 전혀 보이지 않고 크고 작은 바위와 가시덤불만 우거진 건조한 길이었다.

본격적인 사막이 시작되는 곳에 작은 오아시스 마을이 있었다. '솔리테르(Solitaire)'라는 이름에 걸맞게 황량한 사막 한가운데 폐차와 함께 칠이 벗겨져 나간 마을 표지판이 여행자를 맞았다. 나미브 사막으로 들어가는 여행자들이 잠시 쉬는 곳이었다. 선인장이 떼를 이루고 있었고, 주유소와 레스토랑, 편의점이 있었다. 사람들은 거의 보이지 않고 햇볕은 쨍쨍 내리쬐고, 시간은 느릿느릿 흘러가고 있었다.

모래밭에 박혀 있는 원색의 자동차는 할리우드 영화의 세트장인지, 미국 LA의 사막지대에 버려진 차인지, 아니면 영화 〈바그다드 카페〉의 장면 속에 내가 들어와 있는 건지 잠시 백일몽에 빠져들었다.

사방 어디를 둘러봐도 끝없이 펼쳐진 모래 언덕, 집 주위에는 선인장들과 베짜기새들뿐이다.

마을 이름에 새삼 눈길이 갔다. 식당 안에 들어가면 무능력하고 게으른 남편을 용감하게 쫓아내버린 카페 주인 브랜다가 나를 맞이하고, 무자비한 남편과 헤어진 통통한 몸매의 야스민이 내게 어서 오라고 미소 짓고 있을 것 같았다. 어떤 희망도 보이지 않던 쓰레기와 먼지 투성이의 카페, 손님이라고는 가뭄에 콩 나듯이 사막을 지나쳐 가는 트럭운전사들. 고독과 나른한 권태로움이 덕지덕지 내려앉은 카페의 테이블에 엎어진 접시들만이 나를 맞아줄 것 같았다. 그럼 나도 이 고독한 마을에 머물러 앞치마를 두르고 브랜다와 야스민과 함께 카페를 청소하고, 짐을 나르고, 다 망가진 커피머신을 고쳐서 맛있는 커피를 만들어 함께 마셔볼까? 저녁에 일이 끝나면 사막에 의자를 내어놓고 앉아 별을 바라보면서 함께 오래오래 얘기를 나눠 볼까? 그렇게 별들과 친구가 되어 세월이 가면 희망이 보이지 않던 이 카페에도, 우리의 삶에도 마술처럼 살그머니 행복이 찾아오겠지.

나는 브랜다와 야스민을 만나기 위해 이 고독한 마을의 카페에 성큼 들어섰다.

여행 · 열하나 ·

거대한 추상화 나미브 사막

듄45에서 사막의 일출을 보기 위한 전날 밤은 거의 잠을 이루지 못했다. 추운 탓도 있었지만 텐트에서 얇은 침낭 하나에만 의존해 자는 것도, 한밤중에 랜턴 들고 화장실 가는 것도 사실 심각한 문제였다. 모래밭 여기저기에 세워진 텐트에서 내 텐트를 찾는 것 또한 쉬운 일이 아니었다. 사방이 칠흑처럼 깜깜해서 어디가 어딘지 방향도 가늠하기 힘든 데다 잠자리조차 모래투성이었다.

뜬눈으로 밤을 새우고, 몸은 굳어서 삐그덕거렸다. 그래도 늦으면 안 되니까 부리나케 듄45 모래 언덕을 올라갔다. 이 모래 언덕은 능선의 모양과 위치가 바람의 영향으로 자주 변하여 세계에서 가장 높은 모래 언덕이 하루에도 수십 개가 생긴다고 한다.

모래 언덕을 올라가는 일은 상당히 힘들었다. 급경사에다 발이 푹푹 빠져서 언덕을 올라가는 것이 아니라 제자리에서 계속 모래 속에 발을 처박는 격이었다. 숨은 가쁘고 뒤처져서 꼴이 말이 아니었다.

어쨌든 힘들게 올라와 모래 언덕에 걸터앉아 끝없이 펼쳐져 있는 모래의 바다를 바라보았다. 떠오르는 햇빛을 받는 쪽은 모래가 선명한 붉은색을 띠었다. 반대쪽은 어둠이 짙게 깔려 거의 검게 보인다. 햇빛이 비치는 쪽은 정말 말 그대로 붉은 바다가 끝없이 넘실거리고 있는 모양이다. 그 앞에서 무슨 말을 할 수 있을 것인가. 에드몽 자베스의 시 한 구절이 떠올랐다.

> 누가 감히 모래더미 한가운데서 말을 사용하고자 하겠는가
> 사막은 비명에만 침묵으로 둘러싸인 궁극에만 답할 뿐이다
> 그리고 그 침묵 속에서 기호는 떠오르리라

데드플라이를 보기 위해 삼사십 분 가까이 모래밭을 걸어가는데, 모래바람이 몹시 불어 머리 날리는 것은 문제도 아니고 눈을 뜨기가 힘들었다. 모자를 쓰고 그 위에 머플러를 두르고 목에 단단히 감았다. 안경알에도 모래가 잔뜩 묻어서 앞이 침침했다. 입안에도 모래가 서걱거렸다. 발은 푹푹 빠져서 걸음은 제대로 나아가지 않고 정신이 없었다.

옛날에는 호수였는데 오랜 세월이 흐르는 동안 물이 말라붙어 하얗게 굳어버린 데드플라이. 바닥은 딱딱하게 굳어 오래 묵은 흙터처럼 변했다. 그 주위로는 모래 언덕이 높게 펼쳐져 있다. 그 굳어버린 호수 위에 파란 하늘을 배경으로 검게 말라죽은 나무들이 우두커니 말없이 서 있는 모습은 거대한 추상화를 한 점 보는 기분이었다. 선명한 파란색과 검은색, 그리고 흰색, 모래색. 자연이 오랜 세월에 걸쳐 만들어 놓은 이보다 멋진 추상화가 어디 있을까.

힘들게 걸어가서 말라붙은 호수 바닥을 처음 대하는 순간 절망의 밑바닥을 보고 있구나 하는 생각이 들었다. 감히 절망의 밑바닥을 보았다면 신이 용서하실까?

그러나 내겐 그 모습이 정말로 영락없는 절망의 밑바닥인 양 아프게 다가왔다. 죽어서 천년을 말없이 버텨온 낙타가시나무의 고독. 누가 그 앞에서 절망과 고독을 얘기할 수 있을 것인가.

이 거대한 자연의 추상화는 신이 우리에게 주신 선물일까? 바람 부는 모래 언덕에 앉아서 명상에 잠겼다. 아무런 생각을 할 수 없는 상태가 오히려 명상이었다.

듣고 싶은 음악도, 생각나는 사람도 없었다. 모래밭에 앉아 보온병에 담아온 아침 커피를 홀짝거렸다. 버석거리던 입안의 모래가 쓸려 내려갔다. 시간은 정지되었고 사방은 어두웠다. 바람 부는 대로 모래 언덕은 꿈틀거린다. 세상은 어느 시점에선가 한순간 정지되었는데, 그 앞에서 어찌 긴장을 풀 수 있을 것인가.

사람들은 보통 세월이 흘러가면 슬픔도 고통도 사라질 것이라고 말한다. 소월의 시에 "세월 따라 늙어 감은 고마운 일"이라고 하였다. 결국 모든 것은 시간이 해결해 준다는 말이다. 하지만 이 사막에서 절망의 밑바닥을 보니 그것도 해답이 되지 않는다는 생각이 든다. 천년에 걸쳐 미라가 되어버린 낙타가시나무의 고독이 바로 이 앞에 현현해 있다. 그 모습은 현실이 아닌 듯 경건하기까지 하다.

길을 걸어가다가 어떤 얼굴이 떠오를 때, 또는 출근길 복잡한 지하철에서 문득 마주서게 되는 슬픔을 지금 이 사막에서 진하게 느꼈다. 말라붙은 호수 바닥을 만져 보았다. 바닥에 아롱거리는 물무늬가 있었다. 얼마나 오랜 옛 이야기들일까.

수천 년 전에 호수를 유유히 헤엄쳤을 물고기의 지느러미가 손등을 간지럽게 했다. 강렬한 햇살과 물 냄새도 향기처럼 다가왔다. 바닥은 소금기가 하얗게 굳어서 쉽게 마음을 열지는 않았다.

바닥을 손으로 다시 쓰다듬었다. 차가웠다. 정지된 시간을 어찌할 것인가.

바람은 잦아들지를 않고 점점 더 심하게 불었다. 이제 더 어두워질 듯 추워졌다. 내 생각도 추워지는 것일까. 몸속에 차가운 기운이 휘돌았다.

눈앞에서 어지러이 불고 있는 모래바람, 우두커니 서 있는 새까만 가시나무, 사방을 둘러싸고 있는 모래 언덕. 나중에는 꿈을 꾸고 있는 건 아닌지 하는 생각이 들 때까지 모래밭에 앉아 있었다.

파란 하늘이 끝없이 펼쳐진 모래 언덕, 나무에 앉아 있는 새들은 무슨 전령처럼 보였다. 꿈을 꾸고 있는 건지는 모르겠지만 평안해 보였던 새 두 마리가 파란 하늘을 향해 곧게 날아갔다.

일어나서 옷에 묻은 먼지를 털고 안경알을 닦고 발걸음을 옮겼다. 몸속을 휘돌던 찬 기운이 이제는 가시나무로 채워지는 기분이었다.

아직도
여기 아닌 어딘가를 꿈꾸고 있다
끝없이 이어져 있는 길이
다시 제자리에
돌아올 수밖에 없음을 알고 있음에도,
지구 밖으로 나갈 수 없음을
알고 있음에도.

여행 · 열둘 ·

스와코프문트의 갈매기 떼

나우클루프에서 여섯 시간 정도 버스를 타고 대서양의 휴양도시 스와코프문트에 도착했다. 내가 묵을 게스트하우스는 중심대로의 끝자락에 있었지만 천천히 걸어도 20여 분이면 대서양이 출렁이는 해안에 닿을 수 있어서 마냥 즐거웠다.

나미비아 사막에서의 무거운 기분도 가볍게 날려버릴 수 있을 듯했다. 깨끗한 휴양도시답게 거리도 잘 정돈되어 있고, 야자수와 파인애플나무가 가로수로 잘 자라고 있었다.

오랫동안 독일 식민 지배를 받아온 탓에 거리의 건축물에 식민지 시절의 흔적이 많이 남아 있어서 독일의 작은 마을을 걸어가는 느낌이었다. 새로 짓거나 복원된 건물들도 깨끗한 느낌과 독일풍의 분위기가 어쩐지 영화 세트장에 놀러온 기분이다.

MUSEUM
Alte Brauereistube

게스트하우스는 정말 깔끔했다. 정원도 잘 가꾸어져 있고, 마당은 볕도 잘 들었다. 묵은 빨래라도 할까 하는 생각을 알아차린 듯 넉넉한 얼굴의 주인아주머니가 물이 부족하니 빨래는 절대로 하지 말라고 미리 선수를 쳤다. 그 말에 얼른 세탁물을 챙겨 가지고 나와 아주머니에게 세탁물을 맡기고 대문을 나섰다.

숙소의 게시판에는 사막에서 즐길 수 있는 여러 가지 액티비티를 소개하고 있었다. 가장 인기가 많은 스카이다이빙, 모래 언덕을 오르내리는 사륜 오토바이와 샌드 보딩. 그러나 내가 선택할 수 있는 것은 하나도 없었다. 오로지 해안을 산책하는 것뿐이었다.

천천히 해안을 향해 걸어가는데 너무 한적했다. 거리가 단조로워서 특별히 길을 물어볼 필요는 없었지만 그래도 거리에는 사람이 다니고 있어야 하는데 전혀 보이지 않았다. 야자수도 교회도 상점도, 정말 놀이공원 인형의 집이란 생각이 들었다.

다들 어디에 갔을까?

어디에 있을까?

교회가 몇 개 눈에 띄어 가서 문을 열면 전부 잠겨 있었다. 해안 가까이 가니 부자들의 별장으로 보이는 고급 주택들이 해안을 따라 죽 늘어서 있었다. 산책로를 걸어가며 살펴보니 지금은 겨울이라 사람들이 모두 없는 듯했다.

야자수가 잘 가꾸어진 공원으로 갔다. 그 지역의 생활사를 소개하는 작은 박물관이 있었다. 박물관을 둘러보는 데 시간이 많이 걸리지는 않았다. 관람객이 거의 없어서 한가하게 동식물, 어패류 박제들을 구경하고 해안을 산책했다.

1906
Altes Amtsgericht

사람들이 없으니 조용하고 한가하고 평화롭기도 했다. 지루한 느낌은 없었다. 권태롭지도 않았다.

정돈 잘 된 깨끗한 거리에 혼자서 이 거리 저 거리, 바닷가 산책길을 여기저기 이 끝에서 저 끝까지 천천히 걸어 다녔다. 정말 글자 그대로의 한가함이고 조용함이었다.

마음은 평온했다. 이런 데서 일주일이고 열흘이고 지낸다면 지루하게 느껴질까?

바닷가 모래밭에 갈매기들이 떼를 지어 있었다. 가까이 가도 날아가지 않았다. 바람 소리에 갈매기 소리와 파도 소리가 뒤섞여 조금 시끄럽기도 했지만 먹을 것을 찾느라고 날아가지 않는 갈매기들이 귀여워서 계속 뒤를 쫓아다녔다. 친구라도 하자는 듯이.

바람에 머리는 정신없이 흩날렸고, 사람이 없으니 갈매기와 얘기라도 나눌 생각으로 쫓아다니는데, 한 떼의 중국인들이 떠들면서 몰려와 내 기분을 흩어버렸다.

갈매기가 끼륵끼륵 소리를 질러 댔다. 나도 덩달아 소리를 질렀다.

해안에는 퍼브나 카페가 많이 있는데, 역시 사람들이 별로 없고 한가하게 바다를 즐길 수 있는 분위기여서 술을 마시지 않아도 한껏 취할 수 있는 곳이었다.

고요하면서도 한가한 분위기가 잠시 머물기에는 아쉬웠다. 어디서 이렇게 평온한 한가로움을 맛본단 말인가.

마냥 평온하고 안전하게 느껴지는 지금, 시간이 제대로 가고 있는가 하는 생각에 시계를 자꾸 보게 되는 나미비아. 최고의 휴양지였다. 놀이공원에 비록 관람객은 없지만 나 혼자 안전하게 즐길 수 있다는 기묘한 즐거움과 외롭지도 않고 지루하지도 않은 이상한 한가함에 푹 빠져 있었다.

해안가를 돌아다니면서도 머릿속으로는 계속 말라붙은 호수 밑바닥을 헤맸다. 마른 나뭇가지 속에 숨어서 물고기 떼들이 꼬리를 살랑댔다. 오래된 옛이야기들이 떠돌고 있었다.

나미브의 사막에서처럼 엄청난 바람이 불어왔다. 걸음을 옮기기도 힘들 정도였다. 갈매기들이 다시 끼륵끼륵거렸다. 말라붙은 호수의 낙타가시나무가 다시 생각났다. 갈매기들이 소리를 질렀다.

누가 감히 운명에 맞설 수 있을 것인가.

여행 · 열셋 ·

케이프타운의 아이리쉬 바

케이프타운은 세계에서 가장 아름다운 도시 중의 하나로 꼽힌다. 짙푸른 바다가 가까이에 펼쳐져 있고, 여러 영화에 종종 등장하는 아름다운 해안선이 있다. 유럽을 떠올리게 하는 건물들과 테이블 마운틴을 배경으로 온갖 카페와 레스토랑, 쇼핑센터와 길거리 악사들이 흥겹게 음악을 연주하고 북적거리는 관광객들로 활기가 넘쳐나는 항구 워터프론트를 돌아다니면 시간 가는 줄 모르고, 노천카페에 앉아 느긋하게 커피를 마시며 바다를 보고 있으면 여기서 몇 달쯤 살아볼까 하는 생각도 드는 곳이다.

시내 이곳저곳을 다녀 보면 공원도 잘 조성되어 있고, 시설도 좋아서 며칠 머무는 동안 공원에서 시간을 가장 많이 보냈다.

케이프타운은 남아공의 다른 도시에 비해 백인의 인구 비율이 높고 다양한 인종이 함께 살고 있다고 했는데, 막상 거리를 다녀보면 백인은 거의 눈에 띄지 않았다.

흑인에게는 투표를 할 수 있는 권리가 없었고 거주 지역도 분리되어 있었다. 백인들이 사는 도시에 들어가려면 특별한 허가를 받아야 했다. 학교나 공원, 해변, 버스, 화장실까지 당연히 흑백을 분리했다. 심지어 공공건물 앞에 "Whites only, non white only"라고 구분해 놓은 의자가 지금도 길게 자리 잡고 있다.

1994년 민주화 이후 인종차별정책인 아파르트헤이트를 넘어섰는데, 의외로 거리에서 백인은 보이지 않았다. 시내에는 만델라를 기리는 기념관이나 기념품을 파는 상점들이 여럿 보였다. 유대교회당에 들어가니 홀로코스트를 잊지 않기 위한, 희생자를 기리는 전시가 있어서 찬찬히 둘러보았다. 기분이 유쾌할 수는 없었다. 유럽의 다른 도시들에서 보았던 전시보다 훨씬 규모도 크고, 그들의 죽음을 알리는 너무 사실적인 전시로 마음이 심히 괴로웠다. 특히 기념 전시의 테마가 "기억하라"였다.

기분전환으로 구내에 있는 카페에 들어가서 커피와 샐러드, 케이크로 간단한 점심을 했다. 흑인 젊은이의 친절한 미소도 좋았고, 음식도 제법 맛이 있어서 조금 위로가 되었다.

THE HIGH COURT
CIVIL ANNEX
AD
1898
WHITES ONLY

근처에 있는 노예박물관으로 갔다. 1, 2층 전시는 모두 옛 노예들의 비참한 삶을 다룬 사진과 증거물들로, 가뜩이나 무시무시한데 박물관을 관람하는 사람은 나밖에 없어 등골이 오싹오싹했다.

1600년대 중반부터 1800년대 초기까지 케이프타운에 끌려와서 강제노역을 당한 노예의 수가 6만 3,000명에 이른다고 했다. 네덜란드 동인도회사가 인도네시아나 말레이시아, 인도, 잔지바르와 마다가스카르까지 앙골라 모잠비크 등에서도 끌어왔다고 한다.

노예박물관은 이들의 인간 이하의 비참한 삶을 증거하고 고발하는 전시였다. 솔직히 마음 약한 사람은 그 사진들이나 유물들을 그냥 멀거니 보고 있기도 힘들었다. 또 별도로 만들어진 방에서는 민주화된 남아공이 세워지기 전까지의 온갖 억압과 고문을 증거하는 사진들과 신문 기사들, 포스터, 고문 도구들이 공포심을 불러일으켰다. 칸칸이 칸막이 쳐진 방을 혼자 돌아다니려니 무섭고, 안 볼 수도 없고, 정말 죽을 맛이었다. 시설이 그다지 좋지 않은 박물관은 음침한 데다가 형광등까지 신통치 않았다. 그래도 외면할 수 없는 엄연한 역사적 사실들 앞에서 조용히 그들의 영혼을 위해 기도를 하는 것 외에는 할 일이 아무것도 없었다.

밖으로 나왔다. 한낮의 하늘은 맑고 공기는 상쾌했다. 거리에서 지나다니는 사람들을 보니 안심이 되기도 하고, 숨도 제대로 쉬어지는 듯했다. 공원을 잠시 산책하다가 남아공 국립 미술관에 들어갔다. 아프리카 여행 중에 제대로 된 미술관은 처음이어서 상당히 기대를 했다. 단층의 미술관이지만 규모는 작지 않아 오후 내내 시간을 보내야 했다.

미술관의 특별 전시 주제는 Home Truths. 남아공 국내의 작가들로 이루어진 사진과 그림들이었는데, 이 전시회도 그냥 보고 있기가 힘들 정도였다. 넓은 전시실에는 다른 관람객이 전혀 없었다. 또 음침하고 무섭고 비참한 내용들로 이루어진 작품들을 혼자 보고 있으니 속상한 얘기를 할 수 있는 사람도 없고, 아무도 보이지 않아 잠시 긴 의자에 앉아 여행의 즐거움은 다 어디로 갔나 하고 투덜대지 않을 수 없었다. 그림의 내용들은 백인들의 평안한 삶과 그들 가정의 여유 있는 실내를 보여 주는 그림들도 있었지만 대부분이 가정 폭력, 알콜 중독자의 헝클어진 가정, 매 맞는 아내, 매 맞는 아이들, 굶주림에 찌든 아이들. 그림을 그린 작가들 이름에는 눈이 가지 않았다.

유대교 회당에서 노예박물관, 국립 미술관에 이르기까지 오늘 하루는 너무 힘들었다. 남의 나라 역사에 왜 신경 쓰느냐의 문제는 아니었다. 1990년 2월 27년간의 감옥생활을 끝내고 교도소에서 석방된 만델라는 케이프타운 시청사 발코니에서 처음으로 대중연설을 했다. 일흔두 살의 백발노인이었다. 그로부터 많은 세월이 흘렀다. 남아공에도 많은 변화가 왔다. 다양한 인종으로 이루어진 국가이며, 아프리카의 다양한 문화가 함께 공존할 수 있는 길을 모색하고 있는 민주화된 남아공이다.

미술관을 나와 말레이인들의 후손이 모여 사는 보캅 거리를 찾아 갔다. 언덕길에 빨간색, 초록색, 파랑색들로 예쁘게 색칠한 집들이 모여 있었다. 자세히 들여다보면 삶의 고단함이 묻어나는 집들인데, 밝고 환한 원색으로 색칠한 덕분에 덕지덕지 묻은 고단함이 자취를 감추었다.

동화속의 마을을 찾아온 기분으로 찬찬히 마을을 돌아본 다음 여행자의 거리인 롱스트리트로 갔다. 레스토랑과 퍼브가 줄지어 있고, 기념품 상점들도 많아 늘 여행자들로 활기가 넘치는 거리다. 물가도 싸서 배낭족의 숙소들이나 어학원, 이들 유학생들을 상대하는 라이브 카페들이 밀집되어 있다. 건축물들은 거의가 유럽 스타일로 백 년 전 유럽인들의 거리였던 모습이 그대로 남아서 골목골목 다니면 옛 정취가 느껴져 걷는 재미가 있다. 몇 년 전만 해도 여행자를 상대로 강도가 많아 밤에는 얼씬도 하기 힘들었는데, 지금은 치안 상태가 좋아서 밤에도 편하게 다닐 수 있다. 경찰차가 다니며 순찰을 하고 별도의 안전요원들이 골목마다 거리를 지키고 있다.

나도 편하게 거리를 돌아다니다가 분위기가 좋은 아이리쉬 바에 들어갔다. 생맥주의 종류가 셀 수 없을 정도로 많았고, 홀에서는 밴드의 연주가 계속되고 있었다. 드럼에 기타, 베이스, 키보드로 이루어진 밴드였는데 연주가 상당히 좋았다. 케이프타운에 다시 온다면 이 아이리쉬 바 때문이라고 얘기할 수 있을 정도였다.

오늘 하루는 너무 힘든 날이었다. 어떻게든 기분을 풀어야 했다. 두들겨 부수는 듯 연주하는 밴드 앞에서 음악에 맞춰 신나게 춤을 추었다. 한 곡, 두 곡, 세 곡 열심히 추는데 한 떼의 젊은이들이 몰려나와 함께 춤을 추게 되었다. 얼마나 열심히 추었던지 스무 살을 좀 넘은 듯 보이는 젊은이가 내게 물어왔다.

"너 어디서 왔니?"

"응, 사우스 코리아야."

연주는 밤새도록 계속되었다. 나는 속으로 외쳤다.

'음, 이건 천국인걸! 케이프타운에 꼭 다시 와야지.'

여행 · 열넷 ·

희망봉

희망!

무엇이 우리를 이끄는가.

우리는 얼마나 희망에 속고 좌절했던가.

그럼에도 우리가 희망을 잃어버린 적이 있었던가.

어둠 속을 비추는 한 줄기 등대의 불빛을 따라 조심스레 앞으로 나아가듯 희망을 붙잡고 있었다. 우리 모두는 희망을 찾아 떠나는 걸까? 언제 나에게 진정한 희망이 있었던가. 전부 희망의 징조였을까? 그럼 나는 어떤 희망을 찾아 예까지 온 것일까?

케이프타운에서 한 시간 이상 달려야 희망봉 자연보호구역인 케이프 반도에 도착한다. 국립공원인 만큼 가는 길도 아름답고, 멀리 들판을 어슬렁거리는 타조와 얼룩말이 심심치 않게 눈에 띈다.

해안선을 따라 곳곳에 전망대가 마련되어 있어 관광객은 물론 무리를 지어 조깅을 하거나 자전거 하이킹을 즐기는 현지인들도 많이 볼 수 있다.

고급 레스토랑과 별장들이 늘어선 캠프스 베이는 열대 휴양지의 리조트에 와 있는 느낌이었다. 분위기 있는 레스토랑의 비싼 가격이 케이프타운의 고급 주택 지역임을 실감하게 했다.

깎아지른 산비탈을 끼고 꼬불꼬불 대서양을 바라보며 달리는 채프먼스 피크 드라이브 해변도로는 여러 영화나 광고에 자주 등장하는 명성에 걸맞게 감탄사가 저절로 나오는 장관이 달리는 내내 펼쳐진다. 개인적으로는 이탈리아의 소렌토에서 아말피를 달리는 해변도로보다 더 아슬아슬함과 아찔한 아름다움을 간직하고 있는 듯 보인다.

바다에서 좀 떨어진 풀숲에는 나무줄기를 타고 원숭이가족들이 오르락내리락하는 모습이 간간이 눈에 띄었다. 이 또한 한 달여 아프리카를 여행하다 보니 더 이상 특별할 것도 없는 풍경이라는 생각이 들었다.

케이프포인트에 도착하니 포인트의 위치를 표시한 팻말이 있다. 남위 34도 21분 24초, 동경 18도 29분 51초.

돌무더기 해변을 잠시 거니는데 바람이 엄청나게 거세다. 춥기도 하고 머리는 정신없이 날리고, 마음만 감격에 겨워 바다를 향해 내달린다.

포인트 정상에 전망대와 등대가 있다. 가파른 언덕을 등산하듯 가는 사람들도 있었지만 나는 '푸니쿨라'라는 레일을 타고 정상까지 올라갔다. 정상 바로 아래는 절벽이고 끝없는 바다가 펼쳐져 있다. 역시 춥고 바람은 거세게 분다. 파도도 미친 듯이 솟구쳐 오른다.

자료를 찾아보니 1488년 포르투갈 탐험가 바르톨로 뮤 디아스가 인도로 가던 항로를 찾던 중에 이곳에 처음 발을 디디고 파도와 바람이 거센 험한 지역이라는 의미로 '폭풍의 곶'이라 하였는데, 포르투갈 왕은 아프리카의 끝에 도착하여 그곳만 지나서 동쪽으로 가면 인도로 갈 수 있는 항로를 찾았다고 하여 '희망의 곶'으로 이름을 바꾸라고 했다. 10년 후 포르투갈 탐험가 바스쿠 다 가마는 그 루트를 지나 결국 인도에 도착했다.

바람과 파도가 거센 장애물의 의미인 폭풍의 곶에서 희망의 곶이라니, 희망봉에 발을 디뎠던 디아스는 다시 항해에 나섰다가 1500년, 희망봉 앞바다에서 조난을 당해 죽음을 맞이했다. 그 이후에도 식민지 개척에 나섰던 많은 배들이 희망봉 앞바다에서 침몰했다고 한다. 희망봉은 정말 희망을 상징하고 있었을까?

500년 전 유럽인들은 희망봉을 돌아 인도로 가는 희망을 품고 있었다. 유럽인들에게는 식민지 개척의 발판이자 새로운 제국 건설을 위한 출발점이었는데, 당시의 아프리카인들에게는 정반대로 지배와 노예 생활이 기다리는 고통의 시작이었으니, 희망봉 앞바다에 수장된 수많은 영혼들은 어떻게 위로를 받을 것이며, 어떻게 역사를 증거할까.

지금의 희망봉은 아프리카인들에게 명실공히 희망봉일까?

우리는 어디에서 희망을 찾을까?

희망이 정말 우리에게 희망을 가져다줄까?

케이프포인트를 떠나 잠시 해안을 달리니 찰스 다윈의 기념판이 있다. 비글호 항해기에 5년간의 세계일주를 마치고 1836년 4월 29일 모리셔스 섬을 출발하여 5월 9일 희망봉에 도착했다는 것을 기념하는 것이다. 5월 31일 희망봉을 떠나서 7월 8일 세인트헬레나 섬에 도착한 다윈은 어떤 희망을 품고 있었을까?

CAPE OF GOOD HOPE
THE MOST SOUTH-WESTERN POINT
OF THE AFRICAN CONTINENT
18° 28' 26" EAST
34° 21' 25" SOUTH
KAAP DIE GOEIE HOOP
DIE MEES SUIDWESTELIKE PUNT
VAN DIE VASTELAND VAN AFRIKA

보울더스와 폭시 해변에 펭귄 서식지가 있다. 산책로를 따라 아프리카 펭귄을 가까이에서 볼 수 있고, 펭귄과 어울려 일광욕을 할 수도 있다. 귀여운 마음에 펭귄에게 달려가니 서식지에서 야생동물 냄새가 심하게 난다. 남극 펭귄처럼 크지도 않고 키가 작은 펭귄들이다. 걸어가는 모습이 마냥 귀엽기만 하다.

멀리 바다에 우뚝 솟아 거친 파도를 맞고 있는 희망봉을 바라본다.

부모님도 다 돌아가시고 형제들도 세상을 떠난 2018년을 서성이는 나는 대체 어떤 희망을 품을 수 있을 것인가.

바람은 거세고 파도는 어지럽게 휘몰아친다. 가방에서 모자를 꺼내 머리를 감싸고 방한점퍼의 단추를 여민다.

등대의 모습은 위태로운 절벽 위에서도 굳건해 보인다. 내 어깨를 힘차게 잡아주려는 듯.

여행 · 열다섯 ·

아디스아바바의 보랏빛 황홀

배낭여행자 숙소에서 만난 여행 고수들에게 아프리카 여행 중 어디가 제일 좋았느냐고 물어보면 열에 아홉은 '에티오피아'라고 대답한다. 아디스아바바만 돌아보고 온 나로서는 은근히 화가 나지 않을 수 없다.

'아니 도대체 나는 뭘 보고 온 거야!'

어렵사리 2년 만에 다시 짐을 꾸려 비행기 안에서 17시간을 보내며 세 번의 기내식을 먹고 아디스아바바 공항에 도착했다.

공항에서 시내로 들어오는 차 안에서 눈에 들어오는 것은 보랏빛으로 만개한 하카란다 나무의 물결이었다. 우리나라의 벚꽃과 같은 하카란다는 늦은 봄 부에노스아이레스의 온 도시 가로를 보랏빛으로 물들이고, 나무 아래에는 떨어진 꽃들로 보라색 카펫이 깔려 도시 전체가 몽환적인 분위기를 자아내어 꿈꾸듯 거리를 걷곤 했었는데, 때마침 하카란다가 만개한 시기에 이 도시를 찾은 것이었다.

운이 좋았다. 보랏빛에 온통 내 마음을 빼앗겨 버리고, 여행 내내 어디를 가나 활짝 피어 있는 보랏빛 꽃들로 보라색 향기에 취한 채 보랏빛 황홀감에 빠져 지냈다. 제대로 에티오피아를 만나긴 한 것일까.

돌아와서 그간 찍어 온 사진들을 뒤져 보니 죄다 보랏빛 하카란다 사진뿐이다. 하카란다 나무 밑을 걸어 다니며 열심히 보라색 꽃만을 찍어 대던 내 모습이 생각날 뿐이다.

온통 보라색 꽃들로 하늘이 가려진 나무 밑을 걷는다는 것은 얼마나 행복한 일인가. 보라색 꽃들이 떨어져 도로의 끝까지 보라색 카펫이 깔린 길을 걷는다는 것은 언제까지나 행복한 일이다. 게다가 머리카락을 살랑이는 미풍, 덥지도 않고 산뜻하게 느껴지는 공기는 온몸을 나른하게 했다. 하얗게 빛나는 태양 아래 온몸을 나른하게 하는 보랏빛과 미풍, 역시 커피가 필요한 거였다. 에티오피아는 커피의 고향이 아닌가.

1953년부터 영업을 했다는 유명한 커피숍 토모카로 달려갔다. 지난번에는 오래된 토모카에 갔었는데, 이번에는 현대적인 새로운 건물의 단장한 뉴 토모카로 갔다. 작은 커피 잔의 진한 커피를 홀짝 마셨다. 에스프레소 투 샷의 맛이다. 나른했던 몸이 화들짝 깨어난다. 이들이 이렇게 진하게 커피를 마시는 것이 이 나른한 날씨 탓이었나?

거리의 사람들을 보면 급하게 움직이는 사람은 보이지 않는다. 다들 느리게 천천히 걷는다. 나른한 모양이다.

에티오피아를 여행하는 동안 이 진한 커피를 보통 하루에 네 잔 마셨다. 그런데도 밤에는 잠을 잘 잘 수 있었으니 신기한 일이었다. 좋아하는 커피를 마음껏 마시고 밤에는 잠도 잘 잘 수 있고, 이건 뭐야 천국인가?

ቶሞካ
TOMOCA

인류의 어머니 루시의 화석이 있는 국립박물관으로 갔다. 박물관 입구에 에티오피아의 전통 복장을 하고 노트북으로 열심히 뭔가를 하고 있는 노인이 눈길을 끌었다. 어딘지 어울리지 않는 모습이면서도 멋지게 차려 입은 전통 의상이 더 멋지게 느껴진다.

루시의 석고 모형과 유골 화석이 전시되어 있는 지하 전시실은 늘 관람객들로 북적거린다. 사진 찍기가 쉽지 않다. 320만 년 전의 인류의 조상이라는 오스트랄로피테쿠스 아파렌시스. 모형의 모습도, 화석도 너무 생생하고 까마득한 시대의 간격을 넘을 만큼 현실감이 있다.

에티오피아인들은 루시를 굉장히 자랑스럽게 여기고 인류의 어머니가 자신의 땅에서 발굴되었다는 사실에 대단한 자부심을 느낀다. 박물관 정원에서 만난 어린 소년들도 루시, 루시 하면서 정원 담벼락에 그려진 루시의 그림을 가리켰다. 소년들의 표정이 아주 밝고 명랑했다. 남루한 차림새가 무슨 상관이랴. 어느 나라든지 어린아이들은 다 밝고 환하고 천진해서 좋다. 때묻지 않아서 좋다. 소년들이 이것저것 질문을 했다. 그들이 학교에서 배운 영어실력을 총동원하고 있었다. 오후 한때를 그들과 즐겁게 보냈다.

박물관을 뒤로하고 에티오피아에서 가장 크고 유명한 에티오피아 정교회 성 트리니티 교회로 갔다. 시간의 때가 겹겹이 쌓인 건물은 보기만 해도 웅장함과 경건함에 저절로 머리가 숙여진다. 이들의 신앙심은 대단해 교회는 가는 곳마다 기도하는 사람들로 넘쳐나고, 기도하는 모습도 너무도 간절하여 옆에 있으면 나도 모르게 무릎을 꿇고 같이 기도를 하게 된다. 어디를 가나 가난하고 힘없는 백성에게 무슨 죄가 있으랴, 다 위정자들의 잘못이지. 정말 신이 있어 이들의 간절한 기도에 응답을 해 주시면 좋으련만. 나 역시 가난하고 힘없는 여행자일 뿐. 그래서 같이 무릎을 꿇고 기도를 할 수 있을 뿐.

메르카토 시장을 가는 길에 세인트 조지 교회에 들렀다. 지난번에는 사람들이 너무 많아 교회를 들어갈 수 없었는데 이번에는 문이 잠겨 있다. 발길을 돌릴 수 없어서 교회 옆에 있는 박물관을 찾아 관리인에게 부탁을 하여 특별 헌금을 내고 사제의 허락을 받아 교회 안에 들어갈 수 있었다.

교회 안에는 셀라시에 황제의 대관식 장면을 그린 그림이 있었는데 황제가 자신을 신격화한 모습이 너무 노골적이었고, 교회 박물관에도 황제와 관련된 물건들이 많이 있었다.

동아프리카 최대의 시장이라는 메르카토 시장으로 갔다. 시장에는 많은 사람들이 북적거리며 자동차는 꽉 막혀 있고, 그 사이로 당나귀가 무거운 짐을 지고 지나가고 있다. 트럭 위에 걸터앉은 사내들은 윙크를 한다. 장난기가 귀엽게 느껴질 정도다.

교회에서 애절하게 기도하는 사람들의 모습을 보고 무거워졌던 마음이 시장에 오니 한결 가벼워진다. 시장에는 정말 없는 게 없다. 철강부터 시작하여 기계류, 전기제품, 채소, 곡물, 과일, 옷감, 의류, 조그만 상자 안에 볼펜을 담아서 그걸 들고 팔러 다니는 사람도 있다. 또 커피 원두만 파는 상점들이 늘어서 있다. 커피향도 대단하다. 시장을 돌아다니기에는 인내심도 필요하다. 너무 복잡하기 때문이다.

ካፌና ቁርስ ቤት
0914-008627

어느 덧 어둠이 내려앉고 있었다. 숙소로 가야 했다. 아프리카 여행에서 지켜야 할 원칙 하나, 밤에는 절대로 돌아다니면 안 된다. 그 누구도 밤의 안전을 책임져 줄 수는 없다. 가로등도 거의 없고 몹시 어두우며, 맹수를 만날지 강도를 만날지 알 수 없다. 배낭여행자들도 어두워지면 다 숙소로 돌아온다. 밤에는 나다니지 않는다.

숙소 근처에서 전통음식 인제라를 저녁으로 먹었다. 채식주의자라면 누구나 다 좋아할 음식이다. 발효된 납작한 빵에 여러 가지 채소, 콩 등을 손으로 싸서 소스에 찍어 먹는다. 음식을 먹기 전에 손을 씻을 수 있게 물을 가져다주었다.

'으흠, 여행하기 괜찮겠는데…….'

입에 맞는 음식이 굉장히 중요하다 여행 중에는. 다행히 인제라는 입에 잘 맞았다.

여행 · 열여섯 ·

다나킬 사막

다나킬 사막에 들어가기 위해 아디스아바바에서 비행기를 타고 메켈레로 이동했다. 작은 비행기 안에서 아래를 내려다보니 온통 메마른 사막이 끝없이 펼쳐져 있다. 나무 한 그루, 풀 한 포기 보이지 않는다.

메켈레에서 사막으로 가기 전 베라힐레를 거쳐 아메드 엘라에 도착했다. 하루 종일 자동차를 타고 달려온 셈이다. 산을 넘고 골짜기를 지나 평원을 달리고, 또 가파른 절벽을 지나고 마을을 지나고. 무거운 짐을 싣고 가는 당나귀들, 자동차를 보고 달려오는 아이들, 궁색한데도 아름답게만 보이는 전통 가옥들, 먼지는 풀풀 날리고 날은 더운데 더운 줄도 모르고 먼지에 휩싸인 줄도 모르고, 입안에는 모래가 버석거리고, 그런데도 자동차로 스쳐 지나가는 풍경들이 너무 경이로워 사진 찍기에 바쁘기만 했다.

아메드 엘라에 오기까지 몇 개의 검문소를 거치고 허가서를 받아야 통과할 수 있었다. 다나킬 사막이 있는 곳은 에티오피아의 화산군으로, 주요 산업이 암염 채굴이다. 아메드 엘라는 소금을 채취하는 광부들인 아파르족이 기거하는 지역으로, 외지인들이 함부로 드나드는 것을 막는다. 사막에 들어갈 때는 반드시 총을 든 경찰과 가이드를 고용해야만 한다. 국경지역이고, 야생동물의 출몰로 인한 여러 가지 신변 보호 문제 때문이다.

첫째 날은 석양 무렵까지 소금 사막을 돌아다녔다. 볼리비아의 우유니 사막과는 완전히 다른 느낌이어서 어느 지역이 더 아름다운지 비교할 수 없다.

아침 일찍 소금을 싣기 위해 사막으로 들어가고 해질 무렵 광부들이 캔 소금을 싣고 마을로 나오는 낙타의 행렬을 하루 두 차례 볼 수 있었는데, 수백 마리의 낙타가 일렬로 줄을 서서 지는 해를 등에 업고 조용히 떼를 지어 가는 모습은 눈물이 날 정도로 아름다웠다. 어린 시절 아라비안나이트나 동화책에서 읽었던 그 캐러밴의 모습이었다. 정처 없이 끝도 보이지 않는 사막을 며칠이고 몇 달이고 사막에서 생활하는 그들의 모습은 혹시 어린 시절의 꿈이 아니었을까. 지금도 현대적인 도시 생활을 하면서도 마음속으로는 영원한 노마드가 아닐까.

사막에서 야생 여우를 만났다. 내게는 총을 든 든든한 경찰이 있으니 겁날 것은 없었다. 여우도 마찬가지였다. 겁을 내고 도망가기는커녕 찬찬히 서로 마주 보았다. 몸집이 작고 날렵한 개와 같다고 할까. 사진을 찍어도 도망가지 않았다. 그렇다고 가까이 다가가서 이솝우화에 나오는 여우라고 생각하고 친구하자 할 수는 없었다.

광부들이 소금을 채취하는 곳에 가서 하루 종일 일하는 모습을 봤다. 여간 고된 게 아니다. 사각형으로 자른 소금을 들어보니 생각보다 훨씬 무거워서 들 수도 없었다. 이렇게 무거운 소금을 낙타가 등에 싣고 에티오피아의 다른 지방에까지 운반한다니 정말 놀라웠다.

다나킬 사막은 세계에서 가장 낮고 뜨거운 땅으로, 해수면보다 약 120미터 정도 낮다고 한다. 홍해에서 흘러들어온 바닷물이 해수면보다 낮은 이곳에서 오랜 세월 동안 바닷물은 증발하고 소금과 유황만 남아서 분지가 형성되었다. 연평균 기온이 34도이고, 최고기온이 60도다.

검은 얼굴 아래로 땀을 흘리며 눈만 반짝이는 그들을 보니 대단하다는 생각이 들었다. 사진을 찍으려고 가까이 갔다. 의외로 웃음으로 반겨 준다.

다시 아메드 엘라의 아파르족이 사는 마을로 돌아왔다. 숙소라고 정해져 있는 게 아니어서 현지인들이 사는 집에 묵었는데, 나뭇가지를 그냥 엮어서 지은 집이다.

당나귀에 물동이를 싣고 어린 소년이 물을 길어왔다. 그 물로 샤워를 해도 된다고 했다. 아무리 모래 먼지를 흠뻑 맞았어도 당나귀가 실어 온 그 물로 샤워를 할 생각은 없었다. 그 마을에 이틀 묵는 동안 저녁이건 아침이건 세수를 하거나 양치질하는 사람을 볼 수 없었다. 아이이건 어른이건. 나도 이틀 동안 세수도, 양치질도 하지 않았다. 신기한 것은 그런데 아무렇지도 않았다는 사실이다. 빅터 프랭클 박사의 〈죽음의 수용소〉에서 수용소 생활 중 양치질을 못 했는데 아무렇지도 않았다는 말이 실감나는 순간이었다.

밤중에 남자들은 집 바깥의 평상에서 자고, 요리사인 메리와 여자들은 집 안에서 잤다. 날이 어두워서 메리에게 화장실에 같이 가자고 했다. 메리는 내 손을 잡고 달 밝은 평원을 한참 걸어가더니 그냥 거기에 앉아서 볼일을 보라고 했다. 화장실 갈 때 꼭 얘기하라고 해서 어디 멀리 있는 줄 알았더니 그게 아니었다.

둘째 날, 아침 일찍 사막으로 들어갔다. 광부들도 일찍 출발하고 있었다. 다시 또 낙타가 떼를 지어 가는 모습에 홀려 한참 뒤따라가고, 그 뒤를 달랑달랑 따라가는 당나귀가 너무 귀여워서 같이 뛰기도 하고. 사막 체질인가 더운 줄도, 힘든 줄도 모르겠다.

용암이 굳어져 울퉁불퉁해 걷기 불편한 달롤 화산 지대에 올라갔다. 넓게 펼쳐진 소금 호수의 기이한 모양과 다양한 광석 물질로 인해 온갖 아름다운 색들로 물들여진 암염을 보니 지구가 아니라 다른 위성에 도착한 느낌이었다.

색채의 마술사인 마티스도 이 화산 지대보다 더 아름다운 색채를 쓰지는 못했으리라. 자연 자체가 이미 색채의 마술이었다. 여기저기서 뿜어 나오는 유황가스, 수증기와 어울려 신비로운 장관을 연출했다. 지구상에 이렇게 아름답고 신비로운 데가 있다니. 지하에서 분출되는 마그마와 유황과 미네랄 소금이 만나 어우러져 지구에서 가장 신비로운 장관을 연출한다는 과학적인 설명은 눈에 들어오지 않는다. 눈앞에서 보고 있어도 현실감이 나지 않는다.

한낮의 해는 너무 뜨거워서 오래 머물 수는 없다. 다시 햇볕이 이글거리는 다나킬 사막을 달려 점심 먹을 식당에 도착했다. 헤어스타일이 멋진 주인여자가 반갑게 맞아 준다. 두 번째 만난다고 아주 좋아한다. 내친김에 사진을 한 장 멋지게 찍었다.

여행 · 열일곱 ·

시바의 여왕이 거닐었던 도시 악숨

오래전 율 브린너와 지나 롤로브리지다가 주연으로 나오는 〈솔로몬과 시바의 여왕〉이라는 영화가 있었다. 고등학교 시절에 친구들과 본 영화로 기억하는데, 구약성서를 바탕으로 한 영화지만 솔로몬의 지혜와 시바의 여왕과의 로맨스 등으로 당시에 꽤 인기를 끌었던 영화다.

기원전 10세기경, 악숨 왕국은 시바 여왕이 솔로몬과의 결혼으로 아프리카 대제국을 건설한 에티오피아 문명의 요람으로, 1,000년 동안 거대 왕국으로 발전해 왔다. 악숨은 바로 그 여왕의 도시로 알려져 있다.

악숨 시내에 도착해 숙소에 가방을 던져 놓고 나와 큰 도로를 걸어보니 생각보다 작은 도시였다. 기원전 악숨의 영화를 기대하고 있는 것은 아니었지만, 악숨은 도시 전체가 박물관이고 유적지다.

산비탈 암벽 아래 자리 잡은 시바 여왕의 목욕탕은 저수지로 보였다. 당나귀에 물통을 싣고 와서 물을 길어가는 소년들이 줄을 이었다. 전설의 사실 여부와는 상관없이 에티오피아인들은 이 저수지를 시바 여왕의 유적으로 믿고 있었고, 식수를 제공하는 이 저수지를 신성시하며 아주 자랑스럽게 설명했다.

그날 종교행사가 있었는지 오후 세 시에 시간을 맞추어 시온 마리아 교회를 찾아갔다. 오랜 기간 이스라엘에 머물던 여왕은 마침내 솔로몬 왕과의 사이에서 아들 메넬리크를 낳아서 에티오피아로 돌아왔다. 메넬리크는 후에 아버지 솔로몬 왕을 만나러 예루살렘을 방문하고 십계명을 담은 법궤를 가지고 돌아왔다. 모세의 언약궤를 보관하고 있다고 알려진 교회다.

시온 마리아 교회는 두 군데인데, 원래의 교회는 남자만 출입할 수 있고 여성은 출입할 수 없다. 멀찍이서 원래의 아담한 교회 건물만 바라보았다. 교회의 뒤편 지하에 있는 작은 박물관도 교회 부속 시설이라 여성들에게는 개방되지 않았는데, 행사가 있는 날만 특별히 개방되는지 그날은 여성에게도 문을 열어 주어 외국인 관광객들과 박물관을 둘러볼 수 있었다. 역대 왕들의 왕관, 예복, 화려하게 장식된 십자가들이 있었다.

남녀 모두 출입할 수 있는 새 교회는 1965년에 개관한 것이다. 그날 행사는 모두 맨발로 사제의 행렬을 따라 교회 바깥을 세 바퀴 도는 것으로 끝이 났다. 나도 맨발로 행사에 참여했다. 할머니, 아주머니, 젊은 여자들, 어린 소녀들 모두 함께 찬송을 하며 경건하게 교회 마당을 돌았다. 교회 마당에는 하카란다 꽃잎이 흩날렸고 하늘까지도 보라색으로 물들였다.

그래, 다들 한세상을 살아간다는 것이 얼마나 고되고 힘든 일인가. 이렇게 간절히 기도하지 않으면 어떻게 힘든 세상을 살아갈 힘을 얻을 수 있단 말인가. 그녀들의 남루한 치맛자락에, 두터운 발뒤꿈치에 슬픔이, 고통이, 고단함이 덕지덕지 붙어 있었다.

내 눈이 잘못된 것일까. 하카란다 꽃잎에 눈이 밟혀 모든 것이 아른아른 슬프게 느껴지는 것일까. 그냥 맨발로 거리를 다니는 아이들의 발은 못 본 척할 수밖에 없었다. 젊은 여자든 늙은 여자든 다들 고단한 삶에 힘들어하는 모습이 표정에 그대로 드러나 있다. 그녀들과 함께 무릎을 꿇고 조용히 기도를 하는 것 외에는 달리 방도도 없었다. 세상은 여기나 저기나, 고단한 삶에 지쳐 있는 인간의 모습은 어디나 다 똑같았다.

새 교회 안에 들어가니 메넬리크 1세가 예루살렘에서 에티오피아로 법궤를 가져오는 그림이 눈에 들어왔다. 교회 내부를 안내하는 성직자가 에티오피아 고유의 언어인 암하라어로 쓰인 오래된 성경책을 특별한 일인 양 아주 조심스럽게 보여 주었다. 양가죽에 달걀노른자와 황소의 피로 쓴 성경이라고 한다. 최소 700년 이상 된 귀한 책이라며 조심스럽게 한 장 한 장 넘기면서 설명했다.

시온 마리아 교회를 나와 바로 앞에 있는 오벨리스크 유적지로 갔다. 이곳에 세워졌던 오벨리스크는 총 여섯 개다. 두 번째로 큰, 이탈리아가 약탈해 갔다가 68년 만인 2005년에 되돌려주었다는 '로마 오벨리스크'가 세 동강으로 나뉘어져 누워 있었다. 설명해 주는 안내인은 언제 다시 세울지는 알 수 없다고 했다. 이미 5,000년 전에 이집트나 에티오피아 등지에서 왕족의 묘비나 기념비로 화강암을 깎아 세운 것인데, 그 옛날에 이 돌기둥을 어떻게 세웠는지 하늘을 향해 치솟아 있는 웅장한 모습이 아름답기만 했다. 이 오벨리스크는 에티오피아의 오랜 세월에 걸친 운명과 역사를 고스란히 기억하고 있을 것이다.

근처에 있는 자그마한 건물의 박물관에 갔다. 악숨에서 발굴된 유물을 전시하고 있었다. 옛 십자가, 동전, 돌로 만들어진 생활 도구들이 소박하게 놓여 있었다.

박물관 마당 한쪽의 나무 아래에서 커피를 팔고 있었다. 작은 나무 의자에 앉아 커피를 주문했는데, 커피 세레모니를 하는 젊은 여자가 전형적인 에티오피아인으로 상당히 미인이었다. 그 때문인지 커피도 아주 맛이 있었다.

박물관을 나와 마을 중심에 있는 큰 느티나무 아래에도 여기저기 커피를 파는 아낙들이 있었다. 예쁜 아낙이 있는 커피점이 제일 붐볐다.

시바 여왕의 도시답게 후손들이 모두 뛰어난 미인들이었고, 커피 맛도 아주 좋았다. 악숨을 떠나기가 아쉬울 정도였다.

여행 · 열여덟 ·

하느님, 당신은 이 혼잡함 속에 계십니까

—랄리벨라

오래전 건축 잡지를 뒤적이다가 알게 된 도시. 그 도시를 소개하는 사진에서 커다란 바위를 아래로 파내려가 완성한 암굴교회가 눈에 띄었다. 한 덩어리의 거대한 바위를 파내려가 교회를 만들다니! 땅 위에 건물을 지어 위로 쌓아 올라가는 건축이 아니라 평평한 바위에서 밑으로 밑으로 파 들어가 완성한 건축, 그것도 13세기에. 도대체 상상이 되지 않았고, 너무 궁금했다. 마음에서는 늘 가서 보기를 열망했다. 언제나 가 볼 수 있을까.

에티오피아는 멀고 먼 나라고, 여행을 가기에도 쉽지 않은 나라다. 드디어 이 땅에 올 수 있었다니. 랄리벨라 공항에서 짐을 찾아들고 뛰듯이 밖으로 나왔다. 빨리 이 도시를 만나고 싶었다.

공항에서 시내로 들어가는 길은 뜨거운 열기가 훅훅 느껴지고 모래색의 황무지와 먼지만 눈앞을 가렸다. 도시 자체가 해발 3,000미터의 높은 지대에 있다. 군데군데 공사를 하는 산길을 돌아 돌아 마을로 들어갔다. 산에서 길을 닦는 공사인데 보기에도 난공사였다.

그 복잡한 길에 어김없이 당나귀들이 떼를 지어 물건을 싣고 간다. 먼지를 푹 뒤집어쓰고 힘들게 산길을 올라간다. 거기에 또 오토바이를 개조한 툭툭이까지.

온 산에 뿌연 먼지가 가득하고, 한쪽에는 난공사, 한쪽으로는 길이 꽉 막혀 있다. 툭툭이에, 당나귀에, 승용차에, 물건을 머리에 인 아낙에. 햇볕은 뜨겁고 먼지에 숨은 막히고, 에어컨도 없는 차 안에서 멍하니 밖을 내다보는 나도 모르게 내 입에서 “하느님 여기가 아프리카의 예루살렘 신성한 도시입니다. 당신은 어디 계십니까?” 하는 소리가 저절로 흘러나왔다.

힘들게 산길을 올라오니 길가에 집들이 다닥다닥 이어지고, 그 앞에 온갖 물건을 파는 사람들로 몹시 혼잡했다. 바구니에 담겨 있는 양파·토마토를 파는 아낙, 고추·감자를 파는 아이, 고무 샌들을 주렁주렁 매달아 놓은 잡화점, 뛰어다니는 어린아이들까지, 그 속에서 닭과 염소들도 한가하게 돌아다니고 있었다. 골목골목 아이들이 북적거렸고, 당나귀의 순하기만 한 눈망울이 마주쳤다.

‘하느님 당신은 이 혼잡함 속에 계십니까.’

TERRACE TRADITIONAL
HALL

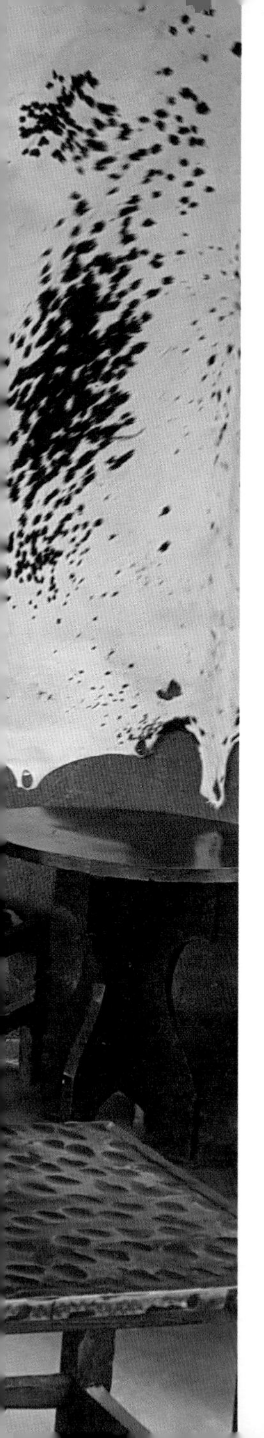

입안에서 모래가 버석거리고 열기로 눈이 건조해 정말 10분 간격으로 인공 눈물을 쏟아 넣었다. 등에서는 땀이 줄줄 흘렀다.

언덕을 굽이굽이 올라가 몇 개의 골목을 지나 예약한 호텔에 도착했다. 정원도 잘 가꾸어져 있고, 커다란 대문이 전통적인 에티오피아 문양으로 장식되어 있어 그 아름다움에 잠시 더위를 잊을 수 있었다.

1층 호텔 식당에 한 가족이 앉아 점심을 먹고 있었다. 젊은 부부와 어린 아이들이 셋, 그리고 보모가 있었다. 프랑스인 부부였는데, 보모는 북아프리카 쪽 사람이었다. 그들을 보고 있자니 얼마 전에 읽은 레일라 슬리마니의 소설 〈달콤한 노래〉의 한 장면이 저절로 떠올랐다. 2016년 프랑스 공쿠르 상을 수상한 소설. 작가는 모로코 출신인데, 엄마와 보모와 아이의 관계를 흥미롭지만 상당히 두렵고 공포가 느껴질 정도로 충격적인 소설이었다. 소설의 한 페이지가 바로 내 앞에 펼쳐져 있다니, 아이들이 음식을 먹다 말고 돌아다니면 보모가 뒤를 좇아가는 모습을 지켜보았다. 부부들이 인사를 하기에 얼른 웃으며 인사를 하고, 나도 점심을 먹어야 했기에 곧 밖으로 나왔다.

골목을 돌아 돌아 한참을 가니 허공에 건물이 솟구쳐 있었다. 철제 뼈대만 있고 벽이 없는 건물 밴 아베바 레스토랑이 공중으로 곧 날아갈 듯한 자세로 있었다. 하긴 워낙 더운 지역이니 벽이나 창문은 필요하지 않았다. 건물의 계단도 빙빙 걸어 올라가는 식이었다. 3층 정도에 앉으니 건물 아래로 멀리 산길과 벌판이 넓게 펼쳐져 있고, 바람은 시원하게 불어오고 새들까지 가까이 날아와 함께 놀자는 듯 노래를 불렀다. 랄리벨라가 워낙 높은 곳에 위치한 데다 건물까지 높은 언덕에 높게 지었으니, 이건 정말 공중으로 날아가는 기분이었다.

어떻게 이런 멋진 곳에 건물을 짓고 레스토랑을 차릴 생각을 했을까? 주인을 불러보니 뜻밖에도 스코틀랜드 여자였다. 이곳이 너무 좋아서 10여 년째 레스토랑을 운영 중이라고 했다. 가끔 본국에 다니러 가고, 주로 이곳에서 산다고 했다. 그녀가 정말 부러웠다. 새처럼 허공을 박차고 날아갈 듯한 건물과 잘 어울리는 여자였다.

랄리벨라가 신성한 도시라고 하는 것은 암굴교회군 때문이다. 모두 11개의 암굴교회가 있다. 이스라엘의 요르단 강 이름을 따서 물이 거의 없는 상징적인 요르단 강을 사이에 두고 남쪽과 북쪽에 각각 5개, 좀 떨어진 언덕 위에 1개가 세워져 모두 11개이다. 각각의 교회들은 바위를 깎아내려가 만든 교회들이고, 서로 굴을 뚫어 연결되어 있다. 물론 그 안은 너무 깜깜해 좀 무섭긴 했지만 일반인에게 개방하지 않는 곳도 있다.

교회들을 찬찬히 둘러보려면 5일 정도 걸리는 모양이다. 입장료 50달러에 5일간 사용할 수 있는 걸 보면. 무더위에 3,000미터 이상의 산언덕을 오르락내리락하려면 그 정도의 시간은 필요할 듯 보인다. 나는 이틀에 걸쳐 교회를 보기로 하고 정식 안내원을 고용했다. 정식 안내원만이 함께 교회 안에 들어가 세밀하게 설명하고 눈에 띄지 않는 구석구석을 보여 줄 수 있다.

7세기 악숨 제국이 붕괴한 후 에티오피아에서 기독교는 세력을 잃고 암흑기가 이어졌는데, 이슬람은 아라비아 반도에서 세력을 팽창시켜 갔다. 13세기에 들어와 에티오피아 7대 국왕 랄리벨라(1181~1221)가 통치하던 자구(Zagwe) 왕조 때 다시 번성하여 에티오피아의 전성기를 이루었다. 수도 로하(Roha)의 이름을 버리고 왕의 이름을 따서 랄리벨라로 개명했다.

신앙심이 깊었던 왕은 꿈에 제2의 예루살렘을 건설하라는 신의 계시를 받고 암굴교회를 만들었는데, 사실은 이슬람 세력에 의해 예루살렘으로의 순례가 어려워지자 제2의 예루살렘을 건설하여 신앙을 지키기 위한 목적이었다고 한다. 교회를 건설하는 데 팔레스티나와 이집트의 기술자를 동원하여 4만 명의 노동력으로 교회를 지었는데, 120년이 걸렸다고 한다. 화산재가 굳어진 응회암 지대를 깎아 들어가며 세운 교회들은 땅 속에서 미로처럼 서로 연결되어 있고, 지상에서는 교회가 전혀 보이지 않는다. 이 또한 이교도의 세력에서 교회를 지키기 위함이었다고 한다.

11개의 교회는 모두 규모가 다르고 모양도 다양하다. 그리스 신전의 형태를 한 교회는 32개의 기둥이 지붕을 받치고 있는데, 하나의 바위로 이루어졌다는 게 정말 믿을 수 없을 정도로 규칙적이고 정교했다. 가장 규모가 큰 교회의 바위벽에는 아브라함과 이삭, 야곱의 무덤이 상징적으로 남아 있다.

각 교회 안에는 악숨 제국의 문양이나 랄리벨라의 문양이 보이고, 성서의 인물을 그린 프레스코화로 장식되어 있다. 일반인이 관람할 수 있는 곳이 있고, 그 다음에는 사제가 들어갈 수 있는 곳, 그 다음에는 교회의 수장만이 들어갈 수 있는 곳으로 구분되어 있으며, 커텐으로 가려져 함부로 들어갈 수 없게 되어 있다.

가장 아름답다고 평가받는 성 기오르기스 교회는 완성하는 데 100년 이상이 걸렸다고 한다. 지상에서는 세 겹의 십자가가 보일 뿐 전혀 보이지 않는다. 가로 세로 12미터의 정 십자가 모양에 수직으로 파내려갔는데, 들어가는 입구도 비탈길을 빙빙 돌아서 한참 내려

가야 교회 입구에 닿을 수 있다.

교회 입구의 왼쪽 암굴에 죽어서도 교회를 떠나지 않겠다는 어느 사제의 유해가 그대로 드러나 있다. 자연 상태로 미라가 되어 누워 있는데, 앙상한 발이 슬프게 느껴진다.

평생을 교회 안에서만 사는 사제도 있다고 한다. 교회 곳곳에 마주치는 사제들은 얼굴 표정도 정말 달라보였다. 신앙심이 얼마나 깊으면 얼굴도 저렇게 변할 수 있을까? 우아한 듯하기도 하고, 부드러운 미소를 머금은 얼굴이 평화롭고 평온하게 보이기도 했다. 또한 근엄하기도 해 감히 사진을 함부로 찍을 수 없었다. 안내인의 도움이 없었다면 사제의 사진은 찍을 수 없었으리라. 굴속에 앉아서 성서를 읽고 있는 사제에게 안내인이 설명을 하고 부탁을 해 겨우 사진을 찍을 수 있었다.

교회의 내부에는 성서에 등장하는 인물의 이야기가 벽화로 그려져 있는데, 기오르기스 성인이 교회를 지키기 위해 백마를 타고 창으로 용을 무찌르는 용감한 장면도 있고, 랄리벨라 왕이 사용한 도구들도 교회 안에 보존되어 있다고 한다.

암굴교회군은 1978년 유네스코 세계문화유산으로 지정되기도 한 만큼 세계 각 지역의 관광객은 물론 에티오피아 정교회 신자들의 순례로 늘 사람들이 붐비는 곳이다. 이곳에서 정식으로 허가를 받고 활동하는 안내인들도 70여 명이나 된다고 한다. 휴가철인 성수기에는 이들 안내인들을 구할 수 없을 정도로 관광객이 몰려든다.

에티오피아 정교회의 성탄절은 1월 7일이다. 그때는 전국에서 순례객들이 모여 미사를 드리고, 기원후 33년부터 지내오는 축제가 지금도 그대로 행해진다고 한다.

산비탈을 오르락내리락 염소들이 앞서거니 뒤서거니 발길을 멈추게 했다. 해발 3,000미터 이상의 고지대이니 풍광은 더없이 아름답다. 그와 어우러져 암굴교회는 더욱 아름답고 신비스럽기까지 하다.

랄리벨라는 신앙심 깊은 왕의 바람대로 제2의 예루살렘을 꿈꾸며 오늘도 순례객들을 기다리고 있다. 그들의 고단한 땀을 씻어 주고, 따스하게 감싸 주기 위하여.

호텔로 돌아오니 호텔 식당에서 저녁을 먹는 프랑스 가족들과 마주쳤다. 젊은 부부와 귀여운 세 아이들, 그리고 보모까지 저녁 식사를 맛있게 하고 있었다. 소설의 한 페이지가 아닌 아주 행복하게 보이는 한때였다. 이들 가족에게 신의 축복이 함께하기를 기도하고, 내 방으로 들어와 저녁으로 뭘 먹을까 생각했다.

가방에서 라면을 꺼낼까 누룽지를 꺼낼까. 캔 김치와 라면을 먹어야겠다 결정을 하고 창밖을 내다보니, 멀리 산 아래로 해가 넘어가고 있었다.

여행 · 열아홉 ·

시미엔 산

유네스코가 세계자연유산으로 지정한 시미엔 산 국립공원의 트래킹을 빼놓을 수가 없어 무리지만 강행하기로 했다. 아디스아바바로부터 850킬로미터나 떨어져 있고, 고도는 1,900미터에서 4,543미터. 편의시설이나 숙박시설이 제대로 갖추어져 있지 않아 불편하지만 자연 그대로의 모습을 즐길 수 있어 매력적인 곳이다.

시미엔 산 체크포인트에 들러 이름과 국적, 인적 사항 등을 적고 트래킹을 안내해 줄 현지인과 스카우트를 꼭 고용해야만 한다. 다나킬 사막에 들어갈 때도 고용해야 했던 것처럼 여기서도 총을 든 스카우트와 함께 가야 한다.

스카우트는 산에 있는 마을에서 농사를 지으며 사는 사람들인데, 그들에게는 일종의 부업이 되는 셈이다. 만 18세 이상의 남성으로, 사격을 훈련받은 자만이 가능하다. 역시 시미엔 산에 서식하고 있는 희귀 동물이나 야생 동물로부터 보호하기 위함이라고 한다.

트래킹 코스에도 하루에서 열흘까지 다양한 코스가 있는데, 나는 1박2일의 트래킹 코스에 3,000미터에 위치한 롯지에서 자기로 했다.

산길 자체는 오르막이 심하지 않아 힘들지 않았다. 햇살은 그렇게 뜨겁지 않았으며, 바람도 시원하게 불어왔고, 공기도 더없이 맑고 투명하여 산 아래 계곡 멀리까지 선명하게 경치를 볼 수 있었다.

길은 가도 가도 끝없이 길게 이어졌다. 군데군데 양 떼들과 염소 떼들이 반겨 주었고, 산길을 걷다가 마주치는 평원에서 수십 마리의 개코원숭이 떼를 만났다.

원숭이들은 풀숲에 조용히 앉아서 각자의 일에 분주했다. 어린 원숭이부터 어른 원숭이에 이르기까지 풀을 뜯어먹는 건지 풀에서 뭘 따서 먹는 건지 잘 모르겠지만 각자의 일에 열중하고 있어서 마치 논밭에서 열심히 일하고 있는 한 떼의 농부처럼 소리도 내지 않고 조용히 손만 부지런히 움직이고 있었다. 그 모습이 귀엽기도 하고 신기하기도 해서 가까이 갔더니 현지인 알랭은 가까이 가는 것은 괜찮으나 만지면 절대로 안 된다고 한다. 덤벼들면 크게 상처를 입는다는 것이다. 덩치가 커서 사자처럼 보이는 원숭이가 수컷 어른인데, 거느리는 아내가 아홉은 된다고 했다.

산 아래 펼쳐져 있는 계곡은 정말 끝이 보이지 않았다. 불쑥불쑥 솟아 있는 기괴한 봉우리들, 가파른 절벽의 산봉우리들, 그 아래 끝이 보이지 않는 낭떠러지, 굽이굽이 펼쳐지는 장대한 골짜기들. 바람 소리조차 들리지 않는 고요함 속에 잠겨 있으니 그대로 시미엔 산의 정기에 흡수되어 내 존재가 허공 속에 산산이 사라지는 듯한 느낌이었다. 흔적도 없이 이대로 산화되는 느낌이었다.

알랭은 꽃 이름을 가르쳐 주며 이건 절대로 먹으면 안 된다, 독성이 매우 강하다며 흰 꽃을 가리켰는데, 이름을 기억할 수가 없다.

산을 한참 올라가서 만난 평원에 양치기 소년들이 있었다. 커다랗고 까만 눈망울이 마냥 선량해보이기만 했다. 이런 깊은 산속에서 양 떼와 원숭이들과 살고 있으니 탐욕스러운 생각이 일어나지 않으리라.

롯지의 시설은 간소하고 깨끗했고, 숙박객은 거의 없었다. 아침 식사 때 마주친 사람은 캘리포니아에서 왔다는 중국인 의사부부뿐이었다. 남편 혼자 트래킹을 하고 여자는 숙소에서 쉰다고 했다.

오전에 싱그러운 햇살을 받으며 다시 산행을 했다. 멸종 위기의 야생 염소 왈라 아이벡스를 쫓아서 알랭이 풀숲을 달리기 시작했다. 험하게 솟은 절벽을 기어 올라가는데, 도저히 그를 따라갈 수가 없어서 멀리서 보기만 했다. 사진도 제대로 찍을 수 없었다. 풀숲에 뭐가 숨어 있는지 무섭기도 하려니와 절벽을 기어 올라가기에는 너무 무리였다.

이튿날도 역시 곳곳에서 개코원숭이의 무리를 여럿 볼 수 있었다. 사람을 무서워하지 않는 건지, 위험을 느끼지 않는 건지 잘 모르겠지만 전혀 도망갈 생각은 하지 않고 어제처럼 제 할 일에 분주하기만 했다.

산을 타고 가다가 초원에서 다시 한 떼의 소년들을 만났다. 어제 마주친 소년들은 아니었다. 오늘은 땅에 마른 풀로 엮은 냄비 받침을 펼쳐 놓고 있었다. 기념으로 두 개를 사 들었다. 다 살 수는 없는 노릇이었다.

시미온 산에만 산다는 왈리아 폭스라는 희귀 여우는 끝내 만나지 못하고 개코원숭이만 실컷 만났다.

알랭이 산 아래 마을에 있는 자신의 집에서 점심을 같이하자고 했다. 마을도 구경할 겸, 그의 집도 구경할 겸해서 흔쾌히 그의 집으로 갔다. 알랭의 나이는 서른이었다. 엄마, 아버지, 여동생들, 그리고 열 살 정도의 남동생, 다섯 살인 여동생도 있었다.

집으로 가니 마당에서 어린 동생들이 사금파리로 소꿉을 살고 있었다. 우리의 어린 시절과 별 다를 바가 없었다. 깨어진 그릇에 흙을 담아 야생풀을 기르고 있었다. 그의 집은 부유한 편인지 집에 펌프가 있어서 마을 사람들이 물을 길러 오기도 했다.

마당의 낡은 테이블에서 인제라를 먹고 나니 큰 여동생이 나와서 커피 세레모니를 했다. 겁도 없이 진한 커피를 맛있다고 두 잔, 세 잔 연거푸 마셨다. 시미엔 산의 맑은 정기와 함께했으니 잠을 못 자는 정도가 무에 두려우랴.

알랭과 그의 가족들의 환대, 맛있는 점심과 커피, 처마 밑에서 바람에 살랑대며 햇볕에 잘 마르고 있는 빨래들, 사금파리 속에서 잘 자라고 있는 풀들. 알랭의 집 뒷마당에 앉아 잠시 시간의 흐름을 잊어버리고 있었다. 마음은 마냥 평온하고 편안하기만 했다. 다시 오지 않을 시간들이 조용히 바람에 살랑대며 흘러가고 있었다.

여행 · 스물 ·

파실리다스 황제의 옷자락을 잡고

—곤다르—

곤다르 시내 근처에서 흙으로 빚은 검은색의 커피포트 제배나를 사기 위해 시장으로 갔다. 마침 토기만 모아 놓고 파는 가게가 있었다. 흥정할 필요도 없이 싼 가격이어서 스프를 끓일 수 있는 우리의 뚝배기와 비슷한 손잡이가 달려 있는 토기 냄비까지 사 들었다. 우리나라에 가져가서 여기에 커피도 끓이고, 된장찌개도 끓일 요량으로 두 개를 집어든 내가 욕심이 많은 듯 느껴졌다. 핑크색을 칠한 나무 뚜껑까지 모양이 정말 예쁜 제배나였다.

시장에서 멀지 않은 웰레카 마을에 잠시 들렀다. 에티오피아의 유대교도들이 살고 있는 마을을 보기 위해서다. 길가에 늘어서 있는 기념품 가게도 구경하고, 마을 안에 들어가서 이곳저곳 보고 싶었다.

마을 입구에 있는 팻말에는 "역사적인 마을 웰레카에 오신 것을 환영합니다"라고 씌어 있는데, 대부분의 유대교도들은 이스라엘로 이주를 하였고, 마을에 남아 살고 있는 이들의 삶은 상당히 곤궁하고 힘들어 보였다.

머리를 촘촘히 땋은 열 살 정도 먹은 여자아이가 시나고그를 안내하겠다고 하여 뒤를 따라가는데, 어디서 나타났는지 마을의 아낙네들이 몰려와서 서로 자기네들이 보여 주겠다고 둘러싸는 바람에 꼼짝없이 이들에게 갇히고 말았다. 정말 난감한 일이었다. 한참을 가만히 서 있었다. 어떻게도 할 수 없는 상황이었다. 가방이나 카메라가 염려되기도 하고, 이들에게 끌려 마을 어디까지 들어갈지도 모르는 상황이었다. 할 수 없이 시나고그는 포기하고 가방에서 사탕과 볼펜을 전부 꺼내 들었다.

"이거 선물이에요."

나는 외치며 하나씩 건네주었다. 두 개, 세 개 달라는 아낙도 있었지만 공평하게 모두 하나씩 주고 무리에서 풀려났다. 잠시 정신이 없었지만 바로 곤다르 시내로 들어갔다.

길거리에 상점들이 복잡하게 늘어서 있고, 채소를 파는 아낙네들이 모여 있는 노점상들을 지나 곤다르 궁전으로 갔다. 악숨 유적지와 랄리벨라 암굴교회와 마찬가지로 유네스코가 지정한 세계문화유산이다. 파실리다스 황제가 1636년 건축한 이래 200년 가까이 수도의 왕궁이었다.

성벽 안으로 들어가면 먼저 법원과 도서관을 볼 수 있다. 도서관에서 좀 더 안으로 들어가면 웅장한 위용의 파실리다스 궁전이 나온다. 1층의 연회장을 찬찬히 들러보고 2층으로 올라가 테라스에서 정원을 내다보니, 어디선가 창을 든 황제의 병사가 나타날 것 같다. 궁전의 내부는 깨끗하게 잘 정돈되어 있고, 관리도 잘 되어 있어서 사오백 년 전의 궁전답지 않게 쇠락한 느낌보다는 지금도 황제가 살고 있는 듯했다. 황제의 침실이나 기도실을 들여다볼 때는 바람결에 황제의 목소리가 들려오는 것 같았다.

넓은 정원은 많은 나무들로 잘 가꾸어져 있었다. 때마침 하카란다가 활짝 피어 흙 위에는 보라색 꽃이 꽃길을 만들고, 보라색 향기가 공중을 맴돌고 있었다. 푸른 잔디에 햇빛은 하얗게 빛나고 보라색 향기와 함께 바람에 황제의 옷자락이 펄럭였다. 황제의 옷자락을 잡고 연회장으로, 기도실로, 접견실로 따라다녔다. 정원을 거니는 사람들은 황제의 명령을 기다리는 병사들로 보였다.

궁전 밖으로 나와 나무 밑 그늘에 모여 있는 한 떼의 젊은이들을 보았다. 무슨 일이냐고 물었더니 관광가이드 시험 준비를 하는 학생들이라고 했다. 한낮의 백일몽이 어이없게 깨지는 순간이었다.

파실리다스 궁전 옆에 이야수 1세 황제가 세운 궁전이 있다. 3층 건물로 보이는데, 아쉽게도 지붕은 날아가 버리고, 성벽도 대부분 허물어져 있었다.

정원 안쪽으로 더 깊숙이 들어가면 황제의 행사장, 연회장, 목욕탕, 교회 등을 볼 수 있다. 연회장 맞은편에 있는 마구간의 규모를 보면 당시 왕국의 규모가 얼마나 컸는지 짐작할 수 있다. 이렇게 커다란 성채 안에서 또 얼마나 많은 암투와 정쟁이 있었을까.

하얗게 빛나는 태양은 궁전 뒤편에 짙은 그림자를 만들었다. 하카란다 꽃길을 잠시 걸으며 궁전 벽에 어른거리는 검은 그림자에서 그 옛날의 음습한 궁전의 음모와 투쟁이 얼룩얼룩 찍혀 있는 것을 볼 수 있었다.

궁전의 후문으로 나오니 바로 복잡한 시장거리다. 날개 달린 아기 천사의 얼굴이 그려진 천장 벽화로 유명한 데브레 베르한 벨라시에 교회로 발길을 옮겼다.

교회의 문을 들어서니 바로 왼쪽에 앞을 못 보는 노인이 어린 손자와 함께 앉아 있다. 발길이 떨어지지 않는다.

교회 안에 들어갔다. 천장에 아기 천사의 얼굴이 가득하다. 전형적인 에티오피아 아기의 얼굴이다. 머리를 뒤로 한참 젖히고 사진을 찍으려고 하니 누군가 나를 툭툭 친다. 테이블 위에 그냥 폰을 놔두고 사진을 찍으란다. 그대로 했다. 역시 천장이 고스란히 찍혀 있다. 나는 어느 시대 사람인가.

밖으로 나오니 노인과 손자가 아직도 긴 그림자를 만들고 담벼락에 앉아 있다. 신이여 그들에게 축복을 내려 주소서. 여행자의 발걸음은 늘 무겁다.

여행 · 스물하나 ·

바하르다르

바하르다르 시내에 접어들자 역시 가로수는 온통 하카란다였고, 보랏빛 꽃들이 하늘을 물들이고 있었다. 보랏빛 향기에 머릿속은 완전히 헝클어져 사실 정신이 좀 나갔다고 할까? 마침 숙소도 타나 호수 옆이었고, 호수를 바라보며 커피 세레모니에 홀려 오후인데도 진한 커피를 세 잔 마셨다. 순전히 하카란다 때문이라고 할 수밖에 없다.

타나 호수는 얼마나 넓은지 바다라고 해도 믿을 정도로 끝이 보이지 않았다. 타나 호수에 있는 37개의 섬 중에는 16~17세기의 수도원이 20여 개가 있다. 이 중 두 개의 섬을 방문하기로 하고 모터가 달린 배를 탔다.

한 시간 정도 달려가니 섬 두 개가 나란히 있는데, 나무가 울창해 배 위에서는 수도원이 전혀 보이지 않았다. 그런데 아쉽게도 이 섬의 케브란 가브리엘(Kebran Gabriel) 수도원은 여성은 출입금지여서 상륙조차 할 수 없었다.

17세기 카톨릭으로 개종을 거부하고 섬으로 숨어든 사제들이 세운 엔토스 이야수(Entos Eyesu) 수도원을 방문하고, 이어서 여러 수도원과 교회가 몰려 있는, 여성의 출입도 가능해 여행자들이 가장 많이 찾는 성 조지 수도원(Beta Giorgis)을 방문했다.

배에서 내려 수도원으로 가는 길가에 기념품을 파는 현지인의 상점들이 죽 늘어서 있었다. 기념으로 뭔가를 사고 싶기도 했으나 선뜻 마음이 내키는 물건은 없었다.

성 조지 수도원은 원형으로 되어 있는데, 신발을 벗고 안으로 들어가면 성화를 볼 수 있다. 한바퀴 돌다 보면, 또 여성들만 들어가서 기도를 할 수 있는 곳이 따로 마련되어 있었다.

프레스코 성화는 과거에는 사제들만 성경을 읽을 수 있었기 때문에 일반 신자들에게 그림으로 성경의 내용을 설명하기 위함이었다. 성경의 모든 내용을 그림으로 표현했으니 십자가에 못 박힌 예수의 모습도 다양하게 표현되어 있고, 이교도의 고문 장면이나 지옥의 모습은 무섭기도 하고 잔인하게 보이는 면도 없지 않았다. 수도원을 안내하던 사제가 양가죽에 암하라어로 쓰인 성경을 조심스레 보여 주기도 했다.

그런 속에서도 평생을 수도원에서 살았다는 사제의 얼굴은 맑고 평온하기 그지없었으며, 검소한 옷차림과 조용조용한 목소리는 그 신앙심의 깊이를 가늠할 수가 없었다. 신에게 얼마나 가까이 다가가면 저렇게 경건한 모습과 얼굴과 태도를 가지게 되는 것일까? 또 마음과 정신에 담겨 있는 신앙심의 깊이를 짐작이나 할 수 있을까?

수도원을 나서는데 배웅을 나온 사제에게 나도 모르게 90도로 허리가 굽혀졌다.

'언제까지나 신과 함께 동행하기를.'

다시 배를 타고 나오는데 순례객을 가득 실은 여객선이 섬을 향해 왔다. 이 지역에 개종을 반대하다 숨진 정교회 신자 수가 3만 2천 명이나 된다고 하니 현지인들의 순례의 발길도 끊이지 않는다고 배를 모는 기사가 설명했다. 다시 호수를 바라보았다. 슬픔이 가득 차 있다. 호수에서 잡은 생선으로 요리를 했다는 말에는 더더욱 음식을 삼킬 수가 없었다.

다음 날은 일찍 청나일 폭포로 갔다. 시내에서 폭포로 가는 길이 아주 험난했다. 청나일 폭포에도 순례객들이 많아서 버스는 사람들로 넘쳐나 제대로 운행이 되지 않았고, 차도에도 사람들이 넘쳤다. 소 떼에 염소 떼에 모두 한데 뒤섞여 시장인지 거리인지 알 수 없을 정도였고, 머리에 무언가를 인 여자들이나 짐을 진 남자들로 북적거려 제대로 정신을 차릴 수가 없었다. 겨우 매표소에서 표를 사고 다리를 건너 물줄기를 따라 산비탈을 한 시간가량 오르내렸다.

염소 떼를 모는 목동을 만나 반가움에 사진을 찍었더니 눈을 부라리며 당장 돈을 내놓으란다. 가만히 보니 이 지역은 관광객이 많아서인지 다른 지역과는 분위기가 완전히 달랐다. 사진값을 지불하고, 할 수없이 카메라를 가방 깊숙이 넣어 버렸다. 상당히 조심스러운 일이다. 산비탈을 오르락내리락 보따리를 이고 가는 현지 아낙네의 멋진 모습도 찍지 못하고 마음속에만 담아두고, 산비탈에 짐을 지고 가는 당나귀의 귀여운 모습도 마음에만 담아뒀다. 아쉬운 마음을 꾹꾹 눌러가며 겨우 폭포에 도착했다.

청나일 폭포는 빅토리아 폭포 다음으로 아프리카에서 두 번째로 큰 폭포라고 한다. 빅토리아 폭포와는 비교할 수 없을 정도지만 멀리, 가까이 이곳저곳을 살펴보니 제법 물의 양이 많아서 소리도 요란하고, 곳곳에 무지개가 아름답게 빛을 발하고 있다. 폭포 상류에 수력발전을 위해 댐을 건설하면서 수량이 급격히 줄었다고 하는데, 그래도 폭포라는 이름을 무색하게 하지는 않았다. 에티오피아인들이 신성시하고 소중히 여기는 폭포다.

다시 사람들로 북적거려 복잡한 거리를 지나 바하르다르 시내로 들어왔다. 시내는 호수를 품고 있는 도시여서 제법 깨끗하고, 휴양지의 분위기가 풍겼다.

타나 호수에 해가 지고 있었다. 이제 에티오피아를 떠날 시간도 얼마 남지 않았다. 소 떼와 염소 떼로 복잡한 거리가 새삼 정겹게 느껴졌다.

아직 마다가스카르가 남아 있다. 바오바브나무가 나를 기다리고 있을 것이다. 짐을 다시 꾸려야 한다.

여행 · 스물둘 ·

세상의 끝 마다가스카르

런던에서 멀지 않은 뉴베리 지역에 'World's End' 세상의 끝이라는 곳이 있다. 영국의 어느 교외 지역과 특별히 다를 것도 없는 곳인데 왜 이런 이름이 붙여졌는지는 모르겠다. 아이슬란드의 북쪽에 있는 항구도시 아큐레이리(Akureyri)에서 페리를 타고 세 시간쯤 가면 도착할 수 있는 섬 '그림(Grimsey)'이라면 세상의 끝이라는 이름이 어울릴 수도 있겠다. 여름에도 북극의 찬바람이 휘몰아치고 바다오리들이 제 세상인 양 집단으로 서식하고 있는 곳. 그 지역에 잠시 머물 때 세상의 종말이 온 듯한 날씨를 겪으면서 세상의 끝을 실감했다.

마다가스카르를 향해 비행기를 타고 갈 때도 역시 세상의 끝으로 가는구나 하는 생각이 머리를 떠나지 않았다. 일단은 우리나라에서 너무 멀었다. 아디스아바바에서 다섯 시간을 비행하고 수도 안타나나리보(Antananarivo)에 도착할 수 있었다. 수도 이름이 너무 길어서 줄여서 '타나'라고 불렀다.

북쪽 끝의 세상과는 너무나 다른 공항에서 시내로 들어가는 길은 자동차는 너무 많고 도로는 좁아서 몹시 혼잡했고, 거리는 장사하는 사람들로 넘쳐나 동남아시아의 어느 복잡한 거리에 있는 느낌이었다.

적어도 마다가스카르는 세상의 끝이 아닌, 이제 세상이 시작하는 곳이었다. 내 느낌은 그랬다. 거리를 오가는 수많은 사람들, 시장에서 물건을 사고파는 사람들, 상점에서 마주치는 사람들 모두 젊은 사람들이었다. 어린 아이들, 십대 청소년들, 이삼십대로 보이는 일하는 젊은이들. 노인들은 보이지 않았다. 수도 타나를 떠나 다른 지역에 가서도 노인들은 보이지 않았다. 숙소에서도, 음식점에서도 눈에 띄지 않았다. 왕궁을 설명해 주는 안내인에게 물어봤더니 노인들은 모두 집에 있고 잘 나다니지 않는다고 했다. 아직 평균 수명이 높지 않은 탓도 있으리라.

BIG
BIG COLA

거리는 복잡한 느낌보다는 혼잡스러웠는데, 그래도 상당히 활기에 차 있었다. 인도네시아의 후손들이 많아서일까. 아프리카의 흑인들보다는 모두 동남아인들에 가까워 보여 오히려 친근감이 들었다.

타나 시내로 들어왔는데도 시내 곳곳의 논에 벼가 자라고 있고, 강가에는 빨래하는 아낙들로 북적거렸다. 강가 곳곳에는 빨래터가 있었다. 강변 언덕은 널어놓은 빨래들로 울긋불긋했다. 햇볕 좋은 언덕에서 빨래를 말리려고 하는 건지 널어놓은 빨래들로 언덕에 빈틈이 없었다. 시내 중심가에 들어와서도 담벼락에, 창턱에 곳곳에 빨래가 널려 있었다. 직업적인 빨래꾼도 있어서 동네 한곳의 빨래터에 많은 여자들이 빨래를 하고 있었다. 사진을 좀 찍었더니 웃음을 짓는 얼굴들이 밝고 환하다. 찌든 삶에도 여유가 느껴진다.

거리의 사람들도 급할 것 없이 모두들 천천히 걷는다. 더운 날씨 탓만은 아닌, 행동에서도 너그러움이 느껴진다.

RAMBO
TSARA NO MORA

PHARMACIE
SABOTSY
HITRA

바오바브나무의 도시 모론다바로 가기 전에 온천 휴양도시로 이름난 안치라베로 향했다. 안타나나리보에서 안치라베로 가는 길도 도로가 좁고 교통 정체가 심해 자동차 안에서 많은 시간을 보내야 했다.

조그만 마을들을 지나고 언덕을 넘고 넘어 길이 복잡해도 경치 구경에 여념이 없었는데, 겨울이라 해가 짧아 다섯 시가 넘으니 주위가 완전히 깜깜해졌다. 도로에는 가로등도 없고, 마을을 지나칠 때도 가옥에 전기가 들어오지 않았다. 처음에는 컴컴하여 사람이 살지 않는 빈 집인가 했더니 그게 아니었다. 마을의 큰 거리에서 사람들이 어슬렁거리는데, 모두 깜깜한 데서 움직이고 있었다. 간혹 상점에 호롱불인지 등잔인지 켜놓은 집이 보였다. 지나치면서 교회를 여러 개 볼 수 있었는데 역시 전기가 들어온 곳이 보이지 않았으며, 제법 큰 마을에서도 보통의 가정집에는 불을 밝혀 놓은 것을 볼 수 없었다.

전기도 없고 가로등도 없고, 그야말로 밤의 생활이 없었다. 정말 아침에 해가 뜨면 일어나 활동하고, 저녁에 해가 지면 들어가 잠을 자는 생활이었다. 안치라베의 숙소에는 전기가 들어왔지만 거리는 깜깜해서 어둠 속을 함부로 나다닐 수는 없었다.

안치라베의 중심 대로에 가니 아브 델랭데팡당스(Ave de l'independance) 독립로가 시원하게 뻗어 있었다. 길 양쪽으로 프랑스 식민지풍의 건물이 죽 늘어서 있다. 거리 이름이나 상점들이 모두 프랑스어로 되어 있다.

기차역은 식민지 통치의 상징이었는지 커다란 광장에 웅장하게 위용을 자랑하고 있다. 근처의 레스토랑에서 전통 음식인 로마자바(Romazava)를 점심으로 먹었다. 쇠고기와 야채를 넣고 푹 끓인 일종의 스튜인데, 의외로 우리의 쇠고기를 넣은 시래깃국과 다를 바가 없어 아주 입맛에 맞았다.

오후에는 화산의 분화구가 호수로 변한 트리트리바(Tritriva) 호수와 안드레이키바(Andraikiba) 호수를 방문했다. 트리트리바 호수는 입구에서 호수까지 가서 호수를 돌며 설명을 해 줄 가이드를 반드시 동반해야 했다. 이 나라의 정책인데, 물론 여행자의 안전 문제도 있겠지만 자국민의 실업문제 해결과도 큰 연관이 있어 보였다.

함께 동행한 안내인은 아프리카 흑인으로, 슬리퍼를 신고도 산을 잘 오르내렸다. 호수의 역사와 특징을 잘 설명해 주었는데, 젊은이가 얼핏 이곳에 갇혀 희망이 없는 삶을 살고 있다는 뜻을 비쳤을 때 나는 무어라 답변하기가 어려웠다. 어떤 말이 희망을 줄 수 있을 것인가.

마침 이 지역의 특이종인 파란 줄무늬를 가진 나비가 팔랑팔랑 날고 있었다. 슬그머니 나비를 좇아갔다. 나비는 금방 풀숲으로 들어가 보이지 않았다. 사진도 제대로 찍지 못하고 나비가 날아간 곳만 멀거니 보고 있었다.

여행 · 스물셋 ·

바오바브나무가 꿈꾸고 있는 모론다바

안치라베의 숙소에서 일찍 아침을 먹고 여섯 시경 모론다바로 향했다. 길은 대부분 비포장도로였고, 정말 가도 가도 끝이 없는 야트막한 언덕과 산들이 이어졌다. 간간이 나타나는 마을에는 붉은 흙으로 지어진 전통 가옥이 보였다. 1층은 가축을 기르는 우리나 곡식 창고로 쓰고, 2층에서 사람들이 사는 구조다. 길쭉하게 지어진 집의 모양이 원시시대에서 크게 변하지 않은 모습으로 보였지만, 단순한 모양의 흙집이 구차하기보다는 아름답게 보였다면 그건 가치관의 문제인지 미적 감각의 차이인지 잘 모르겠다.

아무튼 마당을 뛰어다니는 닭들과 병아리 떼, 제멋대로 다니는 염소들, 그 사이를 돌아다니는 어린 아이들. 마냥 평화롭게만 보이는 자연의 모습이다. 사진을 마음껏 찍을 수 없는 게 안타까울 뿐이었다.

산길을 넘고 넘어 초원지대가 나타났고, 멀리멀리 군데군데 바오바브나무가 보였다. 저녁 여덟 시가 되어서야 모론다바에 도착한 것이다. 무려 열네 시간을 달려왔다.

길은 컴컴하고 가로등도 없다. 밤거리 구경은커녕 숙소도 어두워서 엉금엉금 더듬거리며 겨우 들어왔다. 숙소 앞이 바로 바닷가였지만 너무 어두워서 마음뿐이지 모래밭도 걸을 엄두가 나지 않았다.

모기장 속에서 잠을 자면서 밤새 내내 켜놓은 모기향에 온몸이 푹 절은 채 아침을 먹기 위해 호텔 정원을 걸었다. 그런데 바로 앞에 도사리고 있는 커다란 뱀을 보고는 그야말로 기절할 듯 얼마나 비명을 질렀던지, 호텔 종업원들이 다 뛰어나왔다. 그 다음부터는 해변에 가는 일도, 정원을 산책하는 일도 두려움에 떨며 반쯤 정신이 나갔다고 해야 옳다. 밤에도 호텔 바에 앉아 있으면 벽을 기어다니는 크고 작은 도마뱀들 때문에 무서움에 떨었고, 방 안을 기어다니는 도마뱀을 잡지도 못해 뜬눈으로 밤을 새웠다.

해가 뜰 때의 바오바브나무 거리를 보기 위해 새벽 네 시에 호텔을 나섰다. 모론다바 시내에서 15킬로미터 정도 떨어진 곳에 바오바브나무 서식지가 있다. 커다란 대로에 키가 엄청나고 모양도 다양한 바오바브나무들이 양쪽으로 늘어서 있었다. 쭉 곧은 나무의 끝에 가지가 뻗은 모양이 모두 뿌리가 하늘을 향하고 있는 모습이다. 현지어로 '레날라'라고 하는데, 숲의 어머니라는 뜻이다.

마다가스카르에는 여섯 종류의 바오바브나무가 있다고 한다. 트위스트처럼 꼬인 나무, 껍질이 흰 것과 검은 것, 줄기가 휘어진 것, 곧게 하늘로 올라간 것, 줄기가 갈라져 올라간 것 등 모양이 다양하지만 모두 뿌리가 하늘을 향하고 있는 기이한 모습이다. 정말 신이 나무를 거꾸로 자라게 한 모양이다.

나무의 둘레는 적어도 네다섯 사람이 빙 둘러서야 손을 잡을 수 있지 않을까? 키는 20미터 정도인 나무의 수령을 안내하는 찰리에게 물어보니 이 거리의 나무 수령은 보통 300년에서 700년 정도 되었다고 한다.

밝아오는 아침 햇빛 속에 서 있는 나무의 모습은 꼭 철학자의 얼굴이다. 수백 년 한자리에 가만히 서서 세월이 오고가고 세상이 변해가는 모습을 묵묵히 지켜봤을 테니, 철학자의 얼굴을 하고 있는 것은 당연하리라.

나무가 무슨 생각을 할까 하고 두 팔 벌려 나무를 껴안아 봤다. 나는 마치 큰 나무에 붙어 있는 한 마리 개미 같았다. 나무의 단단한 몸이 느껴졌고, 귀를 대어 보니 나무의 몸속을 흐르는 물소리가 들렸다. 가뭄 때문에 적어도 7개월 이상을 버틸 수 있는 물을 몸속에 저장한다고 하는데, 나는 나무를 끌어안고 마치 친근한 할아버지라도 만난 양 나무가 들려주는 이야기를 애써 들으려고 했다.

마을 어귀에서 마을 사람들이 바오바브나무 열매를 팔고 있었다. 검고 단단한 열매다. 그다 맛이 있지는 않았다.

근처에 야생동물을 보호하고 있는 키린디 숲으로 갔다. 키린디 숲을 산책하면서 이 지역의 특이한 동물들을 구경할 수 있었다. 나무 틈새에 숨어 있는 리머(Lemur)라고 하는 여우원숭이를 찰리는 신기하게도 찾아서 보여 주기도 하고, 먹이를 찾아 어슬렁거리는 고양이과의 육식동물인 포사(Fossa)도 보여 주었다. 신기한 모양의 새들, 카멜레온도 찾아서 보여 줬으나 조류든 파충류든 숲속을 헤매 다닐 때는 이미 뱀에 놀란 가슴이라 심장이 여간 콩닥거리는 게 아니었다. 사진은커녕 발을 디디는 데 온통 신경이 쓰여 찰리의 설명은 귀에 들어오지도 않았다.

바오바브나무의 거리가 특히 해질녘에 아름답다고 해서 일몰 시간에 맞추어 갔다. 정말 세계 여러 곳에서 온 사람들이 사진 찍을 준비를 하고 저마다 좋은 장소에 진을 치고 있었다. 현지 아낙네에게 해를 등진 채 머리에 짐을 이고 일부러 거리를 왔다갔다 걸어가게 하는 모습을 연출해 사진을 찍는 사람도 있었다. 나도 그 틈을 이용해 얼른 사진을 찍었다.

이리저리 돌아다녀 보니 일출 때와는 사뭇 분위기가 달랐다. 햇빛은 한결 깊이 있고 부드러웠으며, 어둠을 적당히 머금은 채 비스듬히 비치는 햇빛은 나무의 얼굴을 한층 더 많은 이야기를 품고 있는, 그러면서도 슬픔이 아른거리는 이마를 아름답게 드러나게 했다.

'어린 왕자'는 바오바브나무가 뿌리로 별에 구멍을 뚫어버리는 나쁜 식물이라고 했지만 바오바브나무에는 온갖 새와 벌들이 살고, 사람들은 나무 열매로 주스도 만들고 빵도 만들어 먹는다. 나뭇잎을 끓인 물은 약으로 쓰이며, 껍질은 밧줄이나 바구니를 만든다. 어느 책에선가 아프리카 한 부족은 바오바브나무가 죽으면 '우리 모두의 어머니'라고 부르며 장례식을 치러 준다고 한다. 여러 면에서 인간을 보호해 준 데 대한 감사의 마음이라고 한다.

해가 막 넘어가고 있다. 바오바브나무 거리도 어둠에 잠기고, 사진을 찍던 사람들도 하나둘 사라지고 있었다.

어둠을 뒤로하고 숙소로 돌아왔다. 인도양의 파도소리가 멀리서 들려오고 있었다. 이제 마다가스카르 여행도 끝이고, 아프리카 여행도 끝이다. 내일 안타나나리보로 가는 비행기를 타고 타나에 도착하면 바로 아디스아바바로 가서 서울로 가는 것이다.

에티오피아에서 마다가스카르까지 아프리카의 기나긴 여행이었다. 이 여행길에서도 많은 사람들을 만났고, 이름은 알지 못하지만 여러 사람들의 도움을 받을 수 있었다. 아프리카 대륙은 또 한 권의

커다란 책이었고, 그 책갈피 갈피에서 많은 이야기들을 읽었다. 스쳐간 수많은 사람들 하나하나가 반짝이는 작은 별들이었다. 그 별들이 품고 있는 사랑과 슬픔과 아픔을 기억하고자 한들, 내 마음이 너무 작은 탓일까, 아니면 기억력에 한계가 있는 것일까.

언제 다시 아프리카에 갈 수 있을까.

이 생이 다하기 전에.

아프리카 여행은 새로운 경험이었다.
저 산 너머에 행복이 있다는
새로운 믿음을 갖게 해 주었다고 할까.
사람 사이에 행복이 존재한다는
새로운 믿음을.

아프리카 아프리카

에티오피아에서 마다가스카르까지

초판 1쇄 발행 | 2019년 1월 21일
초판 2쇄 발행 | 2019년 2월 28일

글·사진 | 안혜경

발행인 | 김남석
발행처 | ㈜대원사
주 소 | 06342 서울시 강남구 양재대로 55길 37, 302
전 화 | (02)757-6711, 6717~9
팩시밀리 | (02)775-8043
등록번호 | 제3-191호
홈페이지 | http://www.daewonsa.co.kr

Daewonsa Publishing Co., Ltd
Printed in Korea 2019

ISBN | 978-89-369-2105-7

이 책의 국립중앙도서관 출판시 도서목록(CIP)은 e-CIP홈페이지(http://www.nl.go.kr/ecip)에서
이용하실 수 있습니다. (CIP제어번호 : CIP2019000297)